"十三五"国家重点出版物出版规划项目

KEY TOPICS

外语学科核心话题
前沿研究文库

应用语言学
核心话题系列丛书
Key Topics in
Applied Linguistics

● 语料库语言学
Corpus Linguistics

语料库与学术英语研究

*

Corpora and EAP Studies

姜峰 著

外语教学与研究出版社
FOREIGN LANGUAGE TEACHING AND RESEARCH PRESS
北京 BEIJING

图书在版编目（CIP）数据

语料库与学术英语研究 / 姜峰著．-- 北京 ：外语教学与研究出版社，2019.5
（2023.12 重印）
（外语学科核心话题前沿研究文库．应用语言学核心话题系列丛书．语料库语言学）
ISBN 978-7-5135-7516-4

Ⅰ．①语… Ⅱ．①姜… Ⅲ．①语料库－应用－学术交流－英语－研究 Ⅳ．①G321.5

中国版本图书馆 CIP 数据核字（2018）第 282266 号

出 版 人　王　芳
选题策划　常小玲　李会钦　段长城
项目负责　解碧琰
责任编辑　段长城
责任校对　解碧琰
装帧设计　杨林青工作室
出版发行　外语教学与研究出版社
社　　址　北京市西三环北路 19 号（100089）
网　　址　https://www.fltrp.com
印　　刷　北京九州迅驰传媒文化有限公司
开　　本　650×980　1/16
印　　张　14
版　　次　2019 年 5 月第 1 版　2023 年 12 月第 6 次印刷
书　　号　ISBN 978-7-5135-7516-4
定　　价　49.90 元

物料号：275160002

出版前言

随着中国特色社会主义进入新时代，国家对外开放、信息技术发展、语言产业繁荣与教育领域改革等对我国外语教育发展和外语学科建设产生了深远影响，也有力推动了我国的外语学术出版。为梳理学科发展脉络，展现前沿研究成果，外语教学与研究出版社汇聚国内外语学界各相关领域专家学者，精心策划出版“外语学科核心话题前沿研究文库”（下文简称“文库”）。

“文库”精选语言学、应用语言学、翻译学、外国文学研究和跨文化研究五大方向共25个重要领域100余个核心话题，按一个话题一本书撰写。每本书深入探讨该话题在国内外的研究脉络、研究方法和前沿成果，精选经典研究及原创研究案例，并对未来研究趋势进行展望。“文库”在整体上具有学术性、系统性、前沿性与引领性，力求做到点面结合、经典与创新结合、国外与国内结合，既有全面的宏观视野，又有深入的细致分析。

“文库”邀请国内外语学科各方向的众多专家学者担任总主编、子系列主编和作者，经三年协力组织与精心写作，自2018年底陆续推出。“文库”已获批“十三五”国家重点出版物出版规划项目，作为一个开放性大型书系，将在未来数年内持续出版，并计划进行不定期修订，使之成为外语学科的经典著作。

我们希望“文库”能够为外语学科及其他相关学科的研究生、教师及研究者提供有益参考，帮助读者清晰、全面地了解各核心话题的发展脉络，并有望开展进一步深入研究。期待“文库”为我国外语学科研究的创新发展与成果传播作出更多积极贡献。

外语教学与研究出版社

2018年11月

目 录

总　序

当前国际范围内对应用语言学的认识以“国际应用语言学协会”（Association Internationale de Linguistique Appliquée，AILA）给出的定义最具代表性（De Bot 2015：26-31）。该协会认为：应用语言学是研究现实语言问题的交叉学科。相关语言问题可借助既有语言学理论和方法，也可采用新创的理论思路或手段加以解决。语言教学、社会语言学、语料库语言学、跨文化交际、语言政策与规划等是应用语言学的常见领域。上述理解已渐成共识，主流期刊（如*Applied Linguistics*）与最新出版的《应用语言学手册》和《语言学与应用语言学百科全书》涵盖范围也大致如此。

虽说应用语言学学科分支广泛而多元，但不难看出所谓的狭义应用语言学，即语言的教与学，仍是热门的话题，相关成果也令人瞩目。究其原因，早在1964年召开的第一届国际应用语言学大会（AILA World Congress）上，语言教学便是首要议题。其后几十年来，应用语言学的疆域不断延展，而语言教学研究的热度则长盛不衰。在这一进程中，语言教学领域不断分化，譬如按语言构成、语言技能、语言教学环节、语言教学主体、语言教学机制等，衍生出语音、词汇、语法、语篇、语用教学，听说读写译教学，课堂教学与语言测评，学习者及教师、中介语和语言习得的社会和心理机制等相关教学及研究。此次“应用语言学核心话题系列丛书”设立的语言习得、社会语言学、心理语言学、语料库语言学、语言测评、二语写作、外语教师教育等子系列，正是我国发展较快的几大核心领域。

现代意义上的语言教学理论探讨，可追溯到20世纪20、30年代英美学者在中国(以Lawrence Faucett为代表)、日本(以Harold Palmer为代表)、印度(以Michael West为代表)开展的英语教学实践和理论总结(Howatt & Smith 2014：85)。随着1941年密歇根大学“英语研究所”(English Language Institute)的成立以及Charles Fries(1945)*Teaching and Learning English as a Foreign Language*一书的出版，语言教学研究大势渐成。其后，各类应用语言学组织、会议、专论和学刊如雨后春笋般涌现。

我国应用语言学的发展历程与改革开放同步。在桂诗春先生等先驱开辟的广阔天地里，从引介到创新(何莲珍 2018；王初明 2018)，应用语言学走过了锐意进取、成果丰硕的四十年。在研究领域方面，我国应用语言学研究的主体也是语言教学，尤其是英语教学和对外汉语教学。即便是我国的语料库语言学研究，也以英汉中介语分析为最盛，意在解决语言学习问题。在研究成果方面，中国大陆学者在过去十余年里产出的高水平应用语言学研究成果令人瞩目，高影响因子英文论文数量激增(Lei & Liu 2018)。我国应用语言学学者正以实际行动赢得国际学术话语权，提升国家文化软实力。

更令人欣喜的是，以文秋芳“产出导向法”、王初明“续理论”等为代表的中国特色理论探索与实践创新，均表明我国应用语言学学者正从西方思想搬运工向中国理念设计师转变。在此过程中，理论本身的完善和学界思想的碰撞在所难免。但不可否认，聚焦语言运用与语言教学中的真问题，有意识地建构本土特色应用语言学理论(另见崔希亮 2007：8)，是我国学者责无旁贷的使命。

本系列丛书正是坚守传承与创新的使命，本着梳理学科发展脉络，展现前沿研究成果的宗旨，从应用语言学不同领域的核心话题入手，评述相关理论与实践的沿承、探索与发展，力求体现学术性、系统性、前沿性与引领性。下面对各子系列作一简介。

语言习得系列

主编为蔡金亭教授。该系列从语言本体、认知、社会等多视角考察语言习得的影响因素、过程与结果。该系列有三个特点。第一，专家写专题。该系列首批包括四本书：《二语词汇习得研究》《母语迁移研究》《二语互动研究》和《二语的外显学习与内隐学习》。因其独特的重要性，这些专题几十年来一直备受关注，佳作纷呈，亟须我国外语教师和研究人员了解其历史和现状。四位作者均在各自领域深耕多年，具有丰富的经验与独特的视角。第二，理论、实证、方法有机结合。所有专著都在介绍相关概念理论的基础上，系统梳理了国际及国内的实证研究，并对相关研究方法进行了专门归纳。第三，客观梳理与主观评论兼顾。作者在综述各领域的研究时，一方面以具体研究问题为主线对前人研究进行系统梳理，另一方面从研究内容、研究方法、结果与讨论等方面进行有针对性的评论，既帮助读者了解现状，又激发读者对未来研究进行思考。

社会语言学系列

主编为高一虹教授。社会语言学是研究语言与社会关系的交叉学科，大致可分为较为宏观的部分(如语言政策与规划)和较为微观的部分(如语言变异)。社会语言学描述现实情境中的语言现象，并对其进行解释。就对材料解释的理论视角而言，社会结构与个人主体能动性构成主要的关系，强调社会结构对语言行为影响的称为“社会结构主义”，强调个体在与环境互动中之能动性的称为“社会建构主义”。从半个世纪本学科的发展来看，有一个从社会结构主义向社会建构主义逐渐发展的过程。这一发展体现在子领域内部的研究取向、解释视角以及研究话题的转向、新概念和子领域的兴起等。“社会语言学系列”首批包括四本书。第一本是《社会语言学视角下的共同体》。这是社会语言学兴起时的原始核心话题，关注社会结构因素对语言的影响。后来变异研究和共同体研究经历了从结构观向建构观的发展过程。因此这是一个经典而又崭新的领域。第二本是《社会语言学视角下的言语交际》。它聚焦个体的交际过程，包括称谓语、礼貌、交际策略等多个方面，与语用学、修辞学等有交叉。在这个子领域，建构观的影响更加突出。第三本是《从世界英语到国际通用英语》。该话题可以说是语言变异研究的延伸，能为传统上以"本族语"为样板的外语教学提供较开阔的社会视角。第四本是《语言态度与语言认同》。这实际是两个相互关联的话题，其中语言态度受到持续关注，而语言认同近一二十年来才成为社会语言学中的显性和热门话题。这四本书只涉及了社会语言学的一部分内容，较偏向微观。我们期待以后将更多的话题介绍给国内读者，以促成更多本土的创新性研究。

心理语言学系列

主编为董燕萍教授。心理语言学研究语言使用和习得的心理机制。语言使用包括语言的理解和产出；语言习得包括母语、二语、三语、双语及多语的习得，但一般侧重母语的习得，因为这是语言习得研究的根本；心理机制常常指加工某一问题时的心理过程及在这个过程中呈现的规律，还可能因为研究方法及视角的不同而被称为认知机制或者神经机制。心理语言学一般采取实验方法，通过操纵变量从而更好地研究某些变量的作用。在充分考虑已出版以及即将出版的同类图书基础上，基于话题的重要性和前沿性以及避免重复出版的原则，本系列首批包括三本书：《词汇加工研究》《句子加工研究》和《口译加工研究》。前两本书探讨心理语言学最根本、最传统、最核心的话题，最能体现心理语言学的精髓，是语篇加工研究及语言产出研究的基础。第三本在口译这项极具挑战性的语言任务中综合探讨语言理解和产出以及两者之间的协调关系。该话题最能体现心理语言学的学科交叉性和前沿性。三本专著从不同层面阐述语言加工的心理机制，并介绍具体研究方法，包括行为的方法（收集眼动数据、按键或者说话的反应时长、产出的语料等）和神经科学的方法（收集脑电数据、磁共振数据等）。

语料库语言学系列

主编为许家金教授。语料库语言学立足语用，突出概率，讲求方法，重视语境，既可构建语言理论，也可指导语言运用。语料库语言学作为以方法论见长的语言学分支，已广为语言学界接纳。其应用甚至扩展到传播学、文学、政治学、社会学和法学等人文社科领域。在国际范围内，基于语料库的话语研究成果尤其丰硕。因此，本系列第一本书便以《语料库与话语研究》为题展开讨论。该书不仅介绍了语料库语言学在话语组织方面的研究思路，还着重探讨了如何借助语料库考察话语中的身份或形象建构。在我国，语料库语言学选题集中于中介语及翻译语言研究，相关成果数以百计。本系列第二本书《语料库与双语对比研究》在对英汉语宏观特征量化描写的基础上，围绕英汉语介词、指称范畴、句段内部构成、事件编码方式、话语功能等议题作了深入对比。此外，为进一步拓展我国语料库语言学的选题视野，本系列还特别推出《语料库与学术英语研究》一书。该书着眼于学术英语的词汇、语法、话语特色及学科差异等，旨在通过语料库方法对学术英语进行精细描写，挖掘其典型特征，从而助力我国学者在国际上发表论文。

语言测评系列

主编为韩宝成教授。本系列首批将出版三本书，分别为:《语言测评效度验证研究》《语言测评反拨效应研究》和《Rasch测量理论在语言测评中的应用研究》。《语言测评效度验证研究》对语言测试学科出现的四种效度验证模式进行深度剖析，分析经典效度研究案例，阐释如何收集效度证据并构建效度论证框架。《语言测评反拨效应研究》基于实证研究，重点介绍反拨效应的成因与本质，分析如何通过实施有效测试促教促学。近年来，Rasch模型在语言测评研究中受到广泛重视，《Rasch测量理论在语言测评中的应用研究》将结合Rasch模型在测评研究以及测评开发中的应用研究，系统介绍和分析该模型的原理、使用方法和相关研究进展。本系列的出版将有力推动我国语言测评研究的发展。

二语写作系列

主编为王立非教授。本系列首批五本专著分别为:《二语写作课堂教学研究》《二语写作认知心理研究方法与趋势》《二语写作测评方式研究》《二语写作身份认同研究》和《不同体裁的二语写作研究》。本系列有以下三个特色：第一，从社会文化的宏观视角和心理认知的微观视角，聚焦二语写作领域的前沿问题，对国内外二语写作研究现状、研究热点进行深度剖析，对本领域的未来发展趋势作出预测；第二，以中国大学生和学生写作文本为研究对象和语料，分析中国人学习英语写作的重点和难点，寻求适合提高中国学习者二语写作能力的路径和方法；第三，选择的话题具有代表性和跨学科性，都是当前高校英语写作教学改革的热点问题，有助于加深我们对二语写作的特点与规律的认识，探讨二语写作教学改革的新模式和路径。

外语教师教育系列

主编为徐浩副教授。本系列聚焦外语教师学习与发展的核心话题，既突出教师学习的动态过程，又关注教师发展的影响因素，同时致力于采用更具综合性、整合性的视角来描述、分析、建构教师学习与发展的历程和规律。本系列在重点综述经典文献和前沿文献的同时，将着重对核心概念进行梳理和辨析，并通过综述框架的创新，展示核心话题的新维度与新视角。本系列首批涵盖外语教师学习、外语教师能力、外语教师共同体等核心话题。《外语教师学习》基于三大学习理论分别从外语教师学习的结果、过程、途径和环境展开讨论;《外语教师能力》从教育心理学的视角，分别对外语教师能力的行为维度、认知维度和社会建构维度进行探讨，并提出一个整合性的研究框架;《外语教师共同体》则从实然而非应然的角度，对外语教师所置身参与的各类共同体展开剖析，尤其关注我国外语教师共同体活动的实践及其特点，并对相关研究进行综述。

从上述介绍可以看出，我国已出现一批学养深厚、术有专攻的应用语言学中坚力量。他们将聚焦应用语言学领域的核心话题，引领我们解决本土语言运用难题，并不断走向国际学术前沿。希望更多的同行和年轻学子加入这一学术共同体，研读经典，探讨新知，让我国应用语言学绽放出实践智慧和理论光彩，而不再只是语言学理论的应用。本丛书还将根据国内外应用语言学研究进展适时再版，并不断扩充话题。希望本丛书能为同行学者和青年学子拓展科研视野，丰富研究方法作出积极贡献。

"应用语言学核心话题系列丛书"编委会

2018年12月

参考文献

De Bot, K. 2015. *A History of Applied Linguistics: From 1980 to the Present*. London: Routledge.

Fries, C. 1945. *Teaching and Learning English as a Foreign Language*. Ann Arbor: The University of Michigan Press.

Howatt, A. & R. Smith. 2014. The history of teaching English as a foreign language from a British and European perspective. *Language and History* 57(1): 75-95.

Lei, L. & D. Liu. 2018. Research trends in Applied Linguistics from 2005 to 2016: A bibliometric analysis and its implications. *Applied Linguistics* amy003. http://doi.org/10.1093/applin/amy003.

崔希亮，2007，谈汉语二语教学的学科建设，《世界汉语教学》(3)：6-8。

何莲珍，2018，从引介到创新：中国应用语言学研究四十年，《外语教学与研究》(6)：823-829。

王初明，2018，我国应用语言学研究在解决问题中前行，《外语教学与研究》(6)：813-816。

前言

学术英语，又称学术用途英语（English for Academic Purposes，EAP），泛指在学术语境下开展各类学习和交流所需的英语。它既是外语教学的一个方向，又是外语研究的一个重要分支。近年来，国内对学术英语的呼声高涨，相关研究也日益增多，特别是在“双一流”高校建设背景下，发展我国高等教育国际化水平、扩大国内外学术对话空间的需求尤为突出。因此，我们对学术英语开展研究，了解其特定的语言特征和话语实践，并以此组织教学，有针对性地提高学生和青年学者在学术语境下的体裁与修辞意识。语料库为学术英语研究的实证描写提供大量真实的语言实例，呈现学术英语在词汇、短语以及句式层面的形式与分布。通过语料库，我们看到的不单单是某个人的语言使用，而是其背后话语共同体约定俗成的语言选择。毫不夸张地说，没有比学术英语更得益于语料库的应用语言学研究了。但是，并非所有的语料库理论和方法都适用于研究学术英语。因此在谈论学术英语语料库研究时，我们需要了解学术英语的概念和特征，厘清其与语料库结合的理据和路径。这也正是本书的初衷。

非常感谢系列主编许家金教授以及外语教学与研究出版社的领导给予我宝贵的支持与信任，让我能够有机会作为学术英语语料库研究领域的作者和审稿人，分享自己的见解与经验，和国内同行交流、学习。在博士研究期间，我有幸师从国际著名应用语言学家Ken Hyland教授，以“元话语名词”为切入点钻研学术语篇的人际互动特征。我在自建的多学科期刊论文语料库中检索此类名词，归纳其常见的语法形式，总结此类名词发挥的篇章引导与劝谏互动的双重功能。在此基础上，我进一步发现不同学科作者会选择特定的名词建构学科知识，表达学术立场，而且此类名词在论文的不同部分也表现出特定的分布规律，诸如view、evidence、importance等元话语名词是学术语篇中作者构建人际互动、表达学科立场与身份的重要资源。因此我们应该提高学生学术修辞意识，并借助元话语名词实现劝谏与互动的功能。由此可见，基于语料库的学术英语研究旨在实现两方面目标：揭示学术语言的本体特征，为教学指导提供实据参考。所以，语料库对于学术英语研究来说是教学范畴的应用，而不是技术范畴的开发。

本书共包含六个章节，从概念界说、文献评述、拓展应用、研究方法、案例分析和前景展望六个方面阐述语料库与学术英语研究。第一章论述语料库和学术英语的概念、特征与研究范式，为相关研究阐明学术英语的本质与目标，并探讨语料库与学术英语的关联和结合。第二章和第三章分别从功能与特征、共时与历时归类研究角度述评学术英语语料库研究文献，并讨论语料库在通用语视角下的学术英语和学术英语词典编纂方面的拓展与应用。第四章论述学术英语语料库研究的常用方法，包括索引、主题词、搭配与词块，并结合基于语料库定量与定性的方法，探讨学术英语语料库研究客位与主位视角之间的相互补益。在前四章的基础上，我将在第五章与读者分享两个学术英语语料库研究案例，其一是共时对比一语和二语作者在学术语篇立场建构方面的异同，其二是以元话语为切入点考察学术语篇人际互动与劝谏修辞的历时变化。第六章指出当前研究表现出“三多三少三不足”的现状，即应用研究多，理论创新少；基于语料库的研究多，语料库驱动的研究少；共时研究多，历时研究少；本土化学科结构关照不足，主体视角和阐释介入不足，语料库辅助的学术英语教学不足，同时展望学术英语语料库研究的趋势与本土化实践。

最后需要强调的一点是，学术英语语料库研究与教学(特别是学术写作教学)紧密相关。基于语料库所观察到的语言特征和规律积极反哺教学，这有助于增强教学的学科与体裁针对性。以本人在吉林大学承担的“学术英语写作能力与素养提升计划”工作坊为例，课程教学内容是国际期刊论文写作，学生为来自各个学科的硕博研究生和青年教师。在课程中，我引用了Biber & Gray(2010a，2010b，2016)的语料库发现，为学生呈现文理学科不同的学术语篇句式特征，再引用Hyland(2005a)基于语料库的元话语研究以及Hyland & Jiang(2016，2017a，2017b，2018)对学科话语历时变化的发现，为多学科学生展示学术互动与劝谏修辞的语言资源以及学科知识表征的变化规律。除此之外，学术引用也是教学的重点，因此我引用Hyland(1999a)等研究的发现，为学生展现不同学科倾向的引用形式、转述动词和时态选择。课程的另一方面是期刊论文的体裁讲解。我呈现给学生Swales(1990，2004)等学者基于语料库的语步分析结果，并结合语料库发现阐释不同语步的交际意图和语言实现形式，以此提高学生的体裁结构意识。可见，有效的学术英语教学是离不开语料库研究的。上述所提及的内容在本书的各个章节中均有呈现和论述。

由于笔者水平所限，书中难免有不足之处，恳请各位专家和读者不吝赐教，有不妥之处，敬请批评指正。

姜　峰

吉林大学

2018年12月

绪 论

随着我国高等教育国际化的持续深入，英语作为学术交流与教学媒介语言的趋势不断增强，特别是在“双一流”高校建设背景下，学术英语研究的规模和需求日益增长。根据中国知网检索统计显示，2000年至2017年国内有关学术英语的文献多达2,600篇，特别是2015年、2016年、2017年三年，论文共计约1,350篇，超过这18年的半数。学术英语研究探索学术英语的语言本体特征，包括词汇语法、篇章结构等，并指导学术英语教学的设计和实践，对培养国际化人才具有十分重要的作用。因此，学术英语一直是我国外语教育的热议话题。

在上述2,600篇文献中，约有650篇运用语料库方法进行实证研究，占总数的25%，而且比例不断上升（见图1）。在国外文献中，与语料库相关的学术英语研究也呈日益增长的趋势。谷歌学术检索结果显示（见图2），在2000年约有550篇文献运用语料库方法考察学术英语的语言特征，2017年数量增长至近五倍。类似地，Web of Science数据库中与语料库相关的学术英语研究论文数量从2000年的20篇增长至2017年的60篇，增长至三倍（见图3）。可见，语料库研究方法已经成为学术英语研究的重要途径。

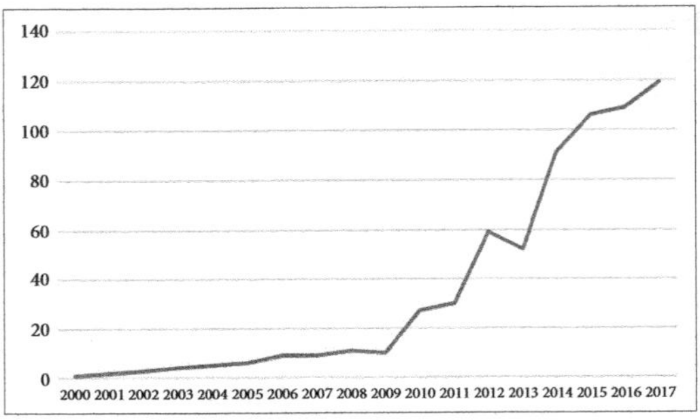

图 1　2000 年至 2017 年中国知网中运用语料库方法的学术英语研究论文数量

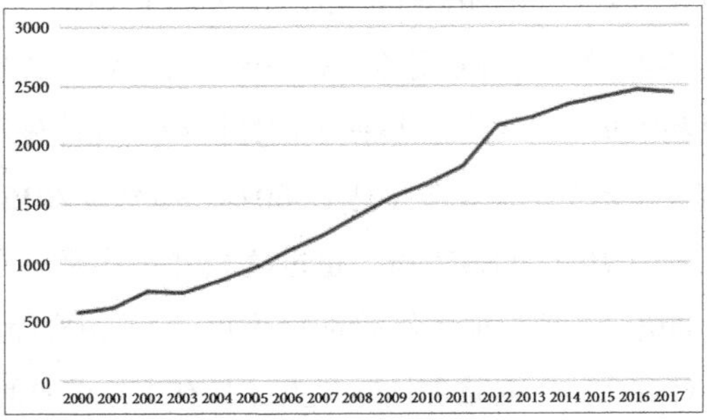

图 2　2000 年至 2017 年谷歌学术中运用语料库方法的学术英语研究文献数量

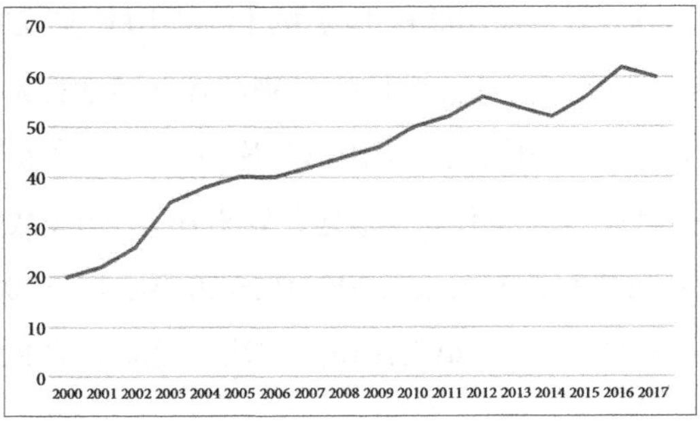

图 3　2000 年至 2017 年 Web of Science 中运用语料库方法的学术英语研究论文数量

值得一提的是，在国内650篇运用语料库方法的学术英语研究文献中，有期刊论文485篇，占总数的74.6%；硕博论文160篇，占总数的24.6%；会议论文5篇，占总数的0.8%。学术英语研究硕博学位论文的比例（特别是硕士论文，占比达19%）明显高于应用语言学其他方向的论文。因此，常常有观点认为，学术英语语料库研究的入门门槛低，是能够轻松开展研究的领域。然而，实际并非如此。当前普遍的问题是，现有研究同质化现象严重，研究者常常机械地套用国外理论或分析框架，未能深入思考学术英语研究的本质、语料库方法的适用性与解释力以及研究结果的教学指导意义。比如，有人认为Hyland（2005c）的立场框架是一个热点，便随意选取某个学术体裁文本建立语料库，分析其立场标记的频率和分布。但是，这种研究实践可能无法回答一些潜在的重要问题，如"为什么要在该体裁中考察立场修辞策略而非其他修辞策略？""为什么基于Hyland（2005c）的立场概念和框架研究作者的态度，而非基于Hunston（2011）的'评价'（evaluation）或Martin & White（2005）的'评估'（appraisal）？"。因此，准确掌握语料库和学术英语的概念与特征，系统梳理学术英语语料库的相关研究，是把握研究创新性、实践性和价值性的前提。

第一章 语料库与学术英语

《绪论》中的文献趋势表明，学术英语语料库研究在应用语言学领域具有举足轻重的地位，能够满足新时期英语教学和语言应用的需求，剖析学术交流语境中的英语语言特征，并为学术英语教学提供实证依据。厘清语料库和学术英语的概念与特征，无疑是充分理解学术英语语料库研究理据和目标的重要前提。本章将阐述语料库与学术英语的概念、范式及特征，并探讨二者结合的重要性与必要性。

1.1 语料库的概念与特征

Sinclair（1991：171）较早给出具有代表性的语料库定义："a collection of naturally occurring language text, chosen to characterize a state or variety of a language"［（语料库是）自然发生的语言文本汇集，用于描写某种语言的状态和变体］。Hunston（2002：2）更为具体地将语料库界定为"a collection of naturally occurring examples of language, consisting of anything from a few sentences to a set of written texts or tape recordings, which have been collected for linguistic study"［（语料库是）为语言学研究而收集的自然发生的语言集合，可以是数个句子，也可以是文本或录音

集]。由上述定义可见，语料库为语言描写提供了丰富的语言实例，从而更好地帮助我们观察自然语言使用的规律和特点。

杨惠中（2002）总结道，语言学研究必然涉及语言材料，根据采集和使用语言材料的不同途径，现代语言学研究的基本方法主要有三种，即内省法（introspection）、诱导法（elicitation）和语料库相关的方法（corpus-related approach）。内省法以语言学家本人为语料提供者，以依靠语言学家自己的语感作为判断歧义、正误、可接受性等的依据。诱导法是通过实地调查收集人们对实际使用的语言材料的看法和心理反应，通常采用有控制的方法诱导出被试者对句子或句子中某个成分的判断，要求被试者确定句子中是否有错误、句子的可接受程度、其对句子的理解程度以及其他类似的有关数据。采用诱导法可以使结论带有某种程度的客观性和可靠性，从而获得对某个语言事实可接受程度的判断。语料库方法则是在随机采样的基础上，收集具有代表性的真实语言材料。可以说，研究语料库中的语言材料近似于研究语言本身。

语料库样本多、规模大、来源广的特点使得语言研究及其结论具有很强的客观性、普遍性与稳定性，所得到的结论不会被轻易否定。因为“比较大的样本可以减少样本统计量的变异”（崔希亮、张宝林 2011：103），所以语料库的优越性能够保证结论的可靠性。正如梁茂成（2016：6-7）的评价：从某种意义上说，语料库是语言理论的试金石。如果我们提出某种理论或者利用某种方法得出一种结论，但这种结论与语料库呈现的语言事实不符，我们则有理由认为，这种理论还需要进一步完善。

但是，语料库的不足之处是无法告诉我们文本作者使用某一特定语言形式的原因。如Cook（1998）所言，语料库不能告知研究者语言如何在大脑中得到处理或者无法揭示某一语言结构的认知选择。这也意味着，研究者需要对语料库的发现补充文本参与者或代表群体的认知和识解；另一方面，无论多大规模的语料库都无法囊括语言使用的全部。“语料库不过是片面实据（Corpora are only partial authorities.）。语言使用者的语言经验随着积累而日益增长和丰富”（Cook 1998：39）。因此，我们需要认识到，语料库是在一定时期内收集的数据片段，任何语料库都具有局部时间性，在建立之后可能很快就会过时。但是这并不意味着基于语料库的发现是无效的，只不过在对发现下结论时需要谨慎，把握好结论适用的度和范围。此外还应该认识到，对于语言形式和表现缺位的情况，语料库常常显得无能为力。换句话说，语料库能够告诉我们语料文本中有什么语言，却难以告知不含有什么语言。在应用语料库发现时，我们应该充分认识到这一局限。例如，基于多学科英语学术论文语料库的研究发现自然和生命科学领域论文使用立场标记的频率明显少于人文和社会科学领域，但是我们不能草率地认定理工学科学术论文缺少学术立场和判断，只不过理工科语篇很可能不是通过显性的语言形式建构立场，而是基于隐性知识表达价值判断。

1.2　语料库研究的主要范式

语料库研究的主要范式根据对语料库语言学的定位和视角不同大体分为“基于语料库的范式”（corpus-based approach）和“语料库驱动的范式”（corpus-driven approach）。前者突出语料库语言学的工具性，认为语料库为语言研究提供大量可靠的素材和实据；后者强调语料库语言学的理论性，认为它不仅是工具和方法，更是独立于其他已有语言学理论，从词语和短语学视角描写和分析语言的一种理论(梁茂成 2016)。

1.2.1　基于语料库研究范式

在基于语料库（corpus-based）的研究范式中，语料库被用作数据库，目的是把语料库作为事实依据，验证、示例或解释已有理论，这种范式不是从语料库中发现或概括出新的理论(梁茂成 2016)。较早作出两类语料库研究范式区别的是Tognini-Bonelli（2001），她以any一词的用法为例阐释了基于语料库的研究范式。传统的语法理论认为，any一词通常用于否定句中。Tognini-Bonelli在语料库中发现了丰富的使用实例，充分证实了这一点。但她同时也指出，any一词不仅用于否定句中，而且还有许多其他的用法。在基于语料库的研究范式中，语料库的作用是试金石，无法展现原有理论和观点中并没有提及的现象。梁茂成(2016：34)对此评价道："在这种研究范式中，研究者已经对理论有足够的信心，语料库在其中并不起决定性作用，充其量也只是对原有理论进行局部修正。"

同时，梁茂成(2016)认为基于语料库的研究范式与普通的实证研究十分相似，不同的是，这种研究范式所使用的数据并非问卷、访谈或其他诱发数据，而是自然发生的语言。除此之外，二者的研究过程也十分相似：都是从现有某种理论出发，提出一种理论或结果假设，然后到语料库中检索，观察语料库中的语言使用实例是否支持上述假设。当然，作为实证研究，研究者通常还需进行某种统计分析，比如差异检验(如语料库分析中的对数似然比和卡方检验)、相关性分析以及更复杂的多元回归分析和聚类分析等。

当前的语言研究很大程度上都是在已有的理论框架下展开的，研究者们并不需要很多专门的训练就可以操作基于语料库的研究范式。正如前面所说，因为这种研究范式与常见的实证研究方法十分相似，所以可以说，基于语料库的研究范式似乎更能够为学科背景各不相同的学术英语研究者广泛接受。

1.2.2 语料库驱动研究范式

语料库驱动(corpus-driven)的研究范式是以Sinclair为代表的伯明翰大学语料库语言学研究者主张的，它采取的是一种源自文本证据的"自下而上"(bottom-up)的研究路径(Francis 1993)。语言研究者根据语料库所提供的语言实例，对该语言进行全面的枚举和描写。在描述过程中，研究者不会刻意修改、忽略或者摘取一部分证据来迁就已有的理论，从而充分反映语言事实。例如，Francis（1993）观察了possible一词在语料库中的使用实例，描写了该词所有的使用环境，并找出了几个重要的且被语法理论所遗漏的结构。其一是“it+be动词+possible+that/to”结构。她通过观察所有的语言实例，总结出两种语法情形：that从句表达可能性（如It is possible that the zoo will have to close.）和to从句表达能力（如It is possible to hire towing cars and trailers if you require them.）；其二是“定冠词the+形容词最高级+possible+中心名词”。possible既可以置于中心名词之前，也可以置于中心名词之后，而且这种句法结构是possible所特有的；其三是“as+形容词+as+possible”结构，该句法结构也是possible所特有的。由此可见，语料库驱动的研究是从词汇入手，采用自下而上的方式观察语言的句法结构和使用环境，通过描写所有语言使用实例，补充或修正现有的语法理论和观点。对此，Francis（1993：147 - 148）认为，“这类观察的概括性能够质疑语言的现有观点，因为词汇的语法情况是多变的，常常跨越单一的既定规则。语料库驱动的研究经由自下而上的语言范例，修订和更新各类语法规则和类别”。

Francis（1993）将语料库驱动的研究脉络大体概括为由使用实例到语言词项，再到语法语境。Tognini-Bonelli将其进一步归纳为“是由观察到假设到概括再到统一的理论陈述（observation leads to hypothesis leads to generalisation leads to unification in theoretical statement）”（Tognini-Bonelli 2001：85）。同时，她强调“这一研究方法并不是机械的，而是由作为语言学家的研究者利用自身的知识、技能和智慧不断地进行调整和修正”（Tognini-Bonelli 2001：85），直到最终找到能够概括所有语言事实的理论和框架。可见，整个过程并非完全受语料库驱动，而是研究者面对大量的语言事实，发挥主观能动性，经过观察形成假设，再观察更多的语言事实，对假设进行修正和调整，直至最后的理论概括和统一（梁茂成 2016）。正如Tognini-Bonelli（2001：85）所言，在语料库驱动的研究中，没有单纯的直线式归纳。可见，采用语料库驱动的研究范式，研究者观察和描写语料库中的语言实例，自下而上地归纳和概括语言现象，从而通过对索引行中反复出现的语言规律及其频率分布进行系统归纳和分类，得到不同于以往研究的语言学范畴(梁茂成 2016：33-34)。

在学术英语方面，语料库驱动研究比基于语料库研究少，原因之一或许正如之前所谈论到的，学术英语研究以需求为出发点，研究者或者学术英语教师通常以自己感兴趣的某个学术语篇语言特征作为出发点，考察该语言特征在语料库学术文本中的频率、形式和功能。但是，我们需要更多的语料库驱动的方法观察学术词项的语言实例，从而丰富和发展学术英语语言特征的知识和理论。例如，Granger & Paquot(2009)关注学术语篇中实义动词的使用特点，研究将BNC的学术体裁作为专家语料库，将国际英语学习者语料库(ICLE)作为学习者语料库，通过VV or VV*标注检索实义动词，她们观察所有实义动词实例，对比专家语料库和学习者语料库，发现conclude和argue在学生语篇中的使用较多。通过进一步观察，她们发现在学生语篇中，conclude的突出使用情形是作为句首状语To conclude，而argue的突出使用情形是people argue和I argue。以上两个实义动词的惯用语法形式是以往语法规则和理论中没有涉及的。

1.3 学术英语界说与发展阶段

1.3.1 学术英语的概念

学术英语，泛指在学术语境下开展各类学习和交流所需的英语。在专业教材、学术专著、课堂用语、口头汇报、期刊文章和学位论文等一系列学术体裁中使用的英语都可称为学术英语(Hyland 2006；熊淑慧、邹为诚 2012)。根据Hutchinson & Waters(1987)提出的英语教学体系(见图1.1)，学术英语和行业英语(English for Occupational Purposes，简称EOP)同属于特殊用途英语(English for Specific Purposes，简称ESP)，常与特定学科和专业结合在一起，如自然科学、生命科学和社会科学等。Jordan (1997) 曾将学术英语分为通用学术英语 (English for General Academic Purposes，简称EGAP) 和特殊学术英语 (English for Specific Academic Purposes，简称ESAP)。前者指不同学科专业通用的英语和话语实践共核，后者是学生在特定的学科与专业，完成知识学习与交流所使用的英语。但是，通过上述体系，我们看到学术英语是与特定学科和专业相关的，因此在现实中几乎不存在通用学术英语文本。Hyland & Hamp-Lyons (2002) 强调，学术英语受特殊用途英语理念影响，在理论和教学上应突出特殊用途而不是通用用途。卫乃兴 (2016：270-271) 认为，学术英语本质上是英语的一个特殊子类，话语事件参与者是具有专业知识的学术人员，话语行为涉及专门的词汇和语法以及意义与功能，非话语行为涉及专用公式、图表及其他元语言，话语效果涉及专业知识的传播和信息的交流。

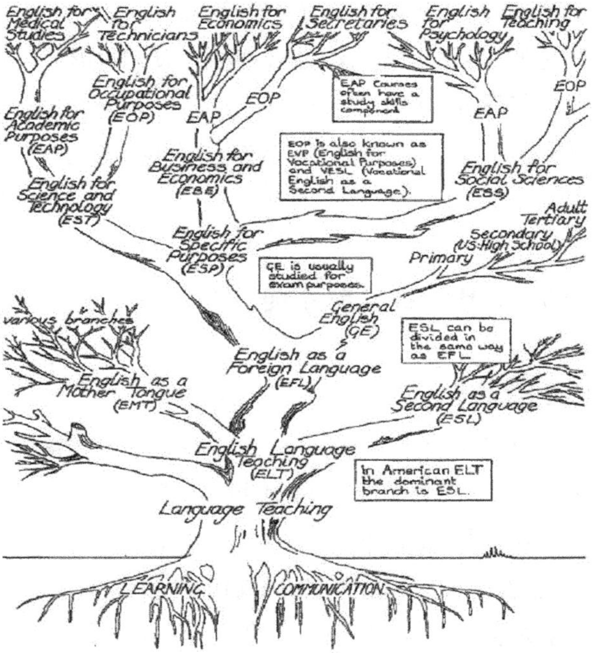

图 1.1 英语教学体系 (Hutchinson & Waters 1987)

学术英语不仅是英语教育的一种倾向，适应和满足学生需求，同时也是应用语言学一个重要的研究方向。它涉及学术语言的需求分析、文本分析、话语活动分析以及教学与测评等议题（Hamp-Lyons 2011；Hyland 2009）。一般来说，学术英语始于分析学生对学术语言的需求，止于对文本和话语实践的解析，最终反哺课堂教学和测评。例如，学生用英语撰写学位论文时存在诸多困难，需要增强把握该体裁的能力，因此学术英语教师需要根据该需求，了解学位论文的目标读者群和话语共同体，分析该体裁的语言和修辞特征，进而安排教学内容，提高学生驾驭该体裁的体裁意识和话语能力，构建学术立场和身份。可见，学术英语在数据分析基础上为学生提供知晓专业领域和学科"文本准则"（textual norms）的有效"路径"（access）（Hyland 2018：383-384）。所以学术英语是外语教学与研究的一种取向，它突出目标话语共同体，以文本为切入点，通过实证描述目标话语共同体共享的特定语言特征、体裁资源和话语实践，并以此组织教学，提高学生体裁与修辞意识，使其了解交际目的和学科文化，从而更好地加入目标共同体，构建学术身份。

需要强调的是，学术英语与其他类别话语的分析不同，突出之处在于学术英语的研究与教学紧密结合，其理念是通过挖掘和描述学术话语的语言特征，指导课堂教学，增强其针对性与有效性。我们通过了解与学术英语密切相关的两种国际刊物*Journal of English for Academic Purposes*与*English for Specific Purposes*的宗旨和兴趣，也可以发现学术英语研究的教学落脚点，即对学业和学术交流语境下的英语使用给予语言学描述，用于特定共同体话语实践的教学。

1.3.2 学术英语的特征

通过上述对学术英语的界定可以看到，学术英语教学与研究的出发点是解析学术英语的语言本体特征。Snow & Uccelli（2009）认为学术英语具有在英语语言中融入偏学术内容的特点。学术英语的读者群体是学术话语共同体中的学者，他们共同秉持特定的语言使用和话语形式。例如，学术期刊论文和大众科普读物虽然都是英语文本，但是面向的读者不同，使用的语言特征与交际倾向也有所不同。大众科普读物的阅读人群来源广泛且背景各异，为了增强文本的广泛可读性，语言用词较为直白，语法结构简单清晰。相比之下，学术期刊论文的读者是学科领域的专业人士，他们熟悉且惯用一套约定俗成的话语方式来表述信息和撰写论文，因此该语言通常包含信息密度高的词汇形式以及大量的复杂句式。

Snow & Uccelli（2009：119）列举了学术英语在人际立场、信息容量和信息组织等方面的语言特征（见表1.1）。

表 1.1　学术英语的语言特征（Snow & Uccelli 2009：119）

1. 人际立场 无偏见的、权威性的学术立场
2. 信息容量 信息密集且内容简洁
3. 信息组织 结构衔接，明示关系，连贯逻辑，不言自明
4. 词汇选择 词汇多变，正式表达方式，词义准确，抽象/术语概念
5. 信息呈现 一致且复杂，或非一致紧凑；抽象概念作主语
6. 推理策略 劝谏性语步组合

可见，学术英语和日常英语截然不同。日常交际语言的态度立场多是热情洋溢、情感丰富的，信息组织以独立小句为主，用词也基本上是口语化和语义模糊的词汇（如sort of、something like）。对于学术英语写作的

语言特征，Hyland（2017：26）将其概括为八个方面：（1）明示篇章结构与交际目的；（2）依靠引用支持论点；（3）强调行动本身而非行动的施动者；（4）限用修辞性问题；（5）少有话外音；（6）谨慎持言，慎重立论；（7）多表事物，少表事件；（8）列清推论步骤，明晰句际衔接。下面将结合示例的学术论文引言片段，分别论述这八个特点。

> The measurement of complex permittivity with respect to frequency—dielectric characterization—has found use in diverse applications in industry and throughout the biological, chemical, and pharmaceutical sciences [1]-[6]. However, it remains a specialist technique that has not been widely adopted, largely due to the popularity of established techniques such as UV-visible absorption, infra-red, and mass spectrometry. This is despite its great potential for nondestructive, noninvasive, non-contact, and label-free measurements of multi-phase liquid systems [4]-[9]. This paper describes modifications of the split-ring resonator (SRR) that enable high resolution, low cost, and easily integrable sensors for performing such measurements. (Rowe *et al.* 2014)

首先，该段落呈现明显的篇章结构，先表明相关领域，再指出领域的研究缺口，进而表明当前研究旨在填补当前研究缺口。该篇章布局不仅文脉清晰，而且具有说服力，充分反映出作者引入当前研究并吸引读者的交际意图。具体来说，首句回顾前人研究，点明相关领域。第二句试图找出前人研究中未涉及或者挖掘尚浅的方面。第四句表明文章旨在填补该空白的研究目标。

其次，在该引言段落中，文章引用大量的文献来支持论点，例如第三句。引用文献在支撑观点的同时，也提供了当前研究的文献关联和学科理据。

第三，文章突出研究的行动本身，而非行动的施动者。例如：在measurement of complex permittivity和a specialist technique that has not been widely adopted中，作者突显行动“测量”（measure）和“采用”（adopt），淡化谁进行测量和谁未能采用。

第四，我们在该段引言中还看到，文章一直使用陈述句，避用修辞性疑问句。

第五，该段引言没有赘余的话外音，贯穿始终的都是研究议题。

第六，文章作者在提出观点时保持谨慎态度，为其所言所述留有话语空间和余地。例如：在第二句中，作者在描述原因时加入largely一词，为其原因推断留有话语空间和回旋余地。

第七，文章多以名词结构标明事物，少用动词勾画事件。例如作者使用名词形式measurements of multi-phase liquid systems和modifications of the split-ring resonator，而非动词measure和modify，以此强调事件的事实属性。

第八，文章通过however点明现有研究的不足，再通过this paper describes体现文章的研究目的。此外，文章利用连接代词结构this is、such measurements明示句子之间的衔接关系。

但是，学术英语并不是完全剥离于日常语言的，而是日常语言、抽象语言和隐喻语言的结合（Fang 2016）。它们之间的关系如图1.2所示，同时表1.2分别举例描述日常语言、抽象语言和隐喻语言的不同特征。

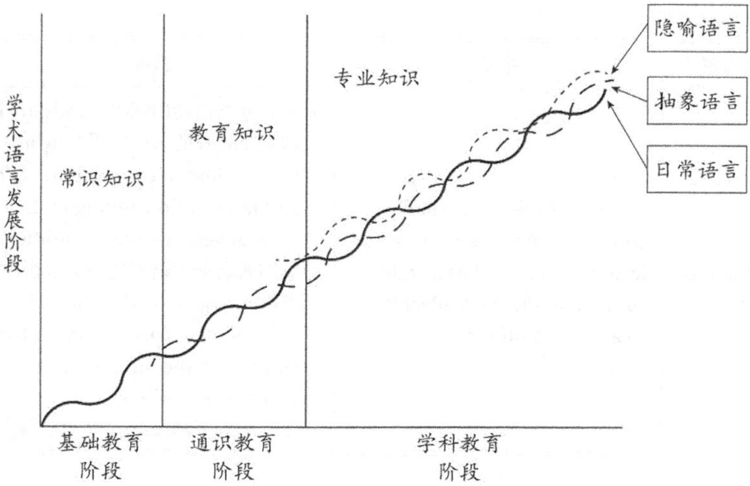

图 1.2 学术语言与日常语言、抽象语言和隐喻语言的结合

（改编于 Fang 2016：326）

表 1.2 日常语言、抽象语言和隐喻语言的举例与特征（Fang 2016：325）

语言形式	举例	特征
日常语言	You can control the trains this way, and if you do that, you can be quite sure that they'll run more safely and more quickly, no matter how bad the weather gets.	• 句式由并列句和从属句构成（and、if、no matter how） • 过程为导向（control、do、run、be、gets） • 代词为主语（you、they） • 口语词汇及短语
抽象语言	If this method of control is used, trains will unquestionably be able to run more safely and faster, even when the weather conditions are most adverse.	• 句式以从属句为主（if、when） • 事物或概念为导向（this method of control、trains、the weather conditions） • 抽象物体/概念（this method of control、the weather conditions）或具体事物（trains）为主语 • 正式的词汇和短语

（待续）

（续表）

语言形式	举例	特征
隐喻语言	The use of this method of controlling unquestionably leads to safer and faster train running in the most adverse weather conditions.	• 句式通常由动词词组（leads to）连接两个较长的名词短语（the use of this method of controlling、safer and faster train running in the most adverse weather conditions） • 紧缩式名词短语表达抽象事物/概念（the use of this method of controlling、safer and faster train running in the most adverse weather conditions） • 正式的词汇和短语

由图1.2可见，学术语言在日常语言、抽象语言和隐喻语言中的具体倾向程度不仅取决于特定的学习阶段，也与学科知识内容有关。在基础教育阶段，学习内容往往是常识，因此语言偏向于日常语言。在通识教育阶段，学业内容以高校通才教育知识为主，涉及的学术语言多是抽象语言，用以描述和传授关于知识世界的一般内容。在学科专业教育阶段，绝大多数的学习内容是与学科领域相关的专业知识，所使用的学术语言是伴有语法隐喻（如名物化）的语言。但是另一方面，学术语言在日常语言、抽象语言和隐喻语言中的倾向程度也和语篇表达的知识信息特点有关。Halliday & Martin（1993）曾指出，作为科学知识传播的载体，学术语言的具体表现形式随着学科和专业的不同而变化。譬如，自然科学文本主要报告技术信息与科学发现，知识内容的专业性和技术性较强，因此学术语言倾向于使用以短语为主的隐喻语言。下例是来自材料学科的学术论文片段。很明显，该语篇由名词短语结构组成：一方面，句子主语由名词表达的抽象事物构成，如sodium ion batteries（SIBs）；另一方面，逻辑关系是通过短语结构建立（with the abundance and low cost of sodium），并不是由日常或抽象语言中常用的连词进行衔接（例如because、since等）。

Sodium ion batteries (SIBs) have been extensively studied in the recent past as an alternative to their lithium counterparts (LIBs), owing to concerns regarding cost and limited reserves of lithium. Particularly, in large-scale storage applications like hybrid vehicles and renewable power stations, SIBs, with the abundance and low cost of sodium, are more viable than LIBs. (Banda *et al.* 2017)

相比之下，人文及社会科学语篇更倾向于抽象或者日常语言，因为此类学科文章论述的多是与社会和人们生活相关的实际问题。正如下例营销学论文所示，它包含日常语言，如以人作主语（individuals、they），夹杂着抽象语言，如以事物作主语（research）以及通过各类从属句表达逻辑关系（where、whom）。

Individuals increasingly participate in virtual support communities (VSCs) where they conduct numerous aspects of their lives with others whom they may never encounter in person, and they interact within these communities to attain various goals. Research finds that individuals are more likely to achieve success with such goals when they make a public commitment to achieving them. (Bradford *et al.* 2017)

综上所述，学术英语复杂的语言特征促使其研究以文本为切入点，通过文本分析，找出目标语境和话语共同体的特定语言特征、话语实践与交际策略。随后以此组织教学，帮助学生了解和学习学科和专业的文本准则与话语规约。

1.3.3 学术英语发展阶段

学术英语起源于20世纪60年代（Hamp-Lyons 2011；Swales 2001）。

当时，英国文化教育协会（British Council）资助大量发展中国家学生赴英国学习。随着短期培训课程的增加，学者们开始探讨英语教学出现的新需求，包括学业学习与学术交流等所需要的英语能力。Swales（1985）提到，学术英语相关研究的雏形始于Charles Barber在1962年发表的文章"Some measurable characteristics of modern scientific prose"，并大致经历了萌芽、成长、突破和成熟四个重要的发展阶段。

20世纪60年代是学术英语的萌芽阶段。当时，一些研究（如Halliday *et al.* 1964）针对传统英语教学出现的新需求（如为印度发电站工程师讲授英语），提出语言学的任务是基于特定人群和特定语境下的语言实例，分析包括学术交流在内服务于特殊用途的语言特征。但是，当时正值自然科学与社会科学追从客观主义和实验方法的时期，学术英语被认为是简单直白的语言符号，是对知识信息的机械编译。因此，那个时期的学术英语研究仅停留在词汇和句式浅层的统计分析上，例如Barber（1962）统计三篇科技文本的动词形式，发现28%的实义动词是用于被动语态，而被动语态的最常见时态是现在时时态，约占各时态总数的25%。

学术英语在20世纪70年代得到进一步发展。首先，学者们开始观察口语语篇（如课堂话语）。第二，研究逐渐跨越词汇和句式简单的统计分析，开始关注语篇模式和规律，其中Halliday和Hasan于1976年出版的*Cohesion in English*（《英语中的衔接》）是较有代表性的成果。第三，学术文本分析开始采取修辞结构视角（如Selinker *et al.* 1972），文本被分为开端、中间和结尾阶段式的修辞结构，而且学者们也逐渐认识到文本具有实现劝说读者的修辞功能。第四，教师逐步加强对语言使用规则和修辞策略的教学。Swales（2001）评价道，上述四个方面的进步为学术英语的后期发展奠定了重要的基础，进而摆脱形式语言学的影响，吸纳多学科的理论和视角。

20世纪80年代是学术英语取得突破性进展的关键时期，这一时期产生了三个重要概念：体裁、科学知识社会学以及互文性。Tarone *et al.*（1981）和Swales（1981）首次将体裁（genre）一词应用于学术英语文献。

体裁概念逐渐发展为精细分析语言选择的系统功能语言学学派、强调交际语境的新修辞学派和折中语言与语境的特殊用途英语学派（Hyon 1996）。科学知识社会学为学术英语的发展奠定了重要的阐释学视角。其观点认为，科学事实建构在社会活动和修辞实践的基础上（Knorr-Cetina 1981），强调学术话语研究者在学术活动和知识建构中的作用。此外，在这一时期，互文性（intertextuality）对学术英语的研究与教学也产生了较大的影响。互文性指任何语篇都是对先前话语的回应，同时也反作用于后续的话语文本，突出了语言在各类学术话语活动中的重要性（Bakhtin 1986）。

20世纪90年代至今，学术英语从此前三十多年的词汇语法分析，逐渐进入到多视角、多维度的成熟发展时期。在这一时期，学术英语产生了语步、学科间性和修辞手段三个关键词。首先，在Swales（1981，1990）体裁分析的基础上，大量研究剖析了学术体裁不同语步的交际目的及其语言实现形式。其次，研究聚焦学术英语的体裁间性（如Hyland 2000；Hyland & Bondi 2006），比较不同学科在话语实践和知识建构方面的相同点与不同点。第三，与20世纪70、80年代的学术英语语言分析不同的是，研究者不再聚焦时态和语态等词汇句法的表面特征，而是关注学术话语的修辞手段和语言策略，比如元话语、词块和立场等语言资源。

1.4 学术英语的主要研究路径

学术英语研究的文本传统侧重语篇的语言选择、论辩规律和意义功能（Hyland 2009），因此形成了以系统功能语法、体裁理论和语料库为主的知识基础与研究路径（Charles & Pecorari 2015；Ding & Bruce 2017）。

1.4.1 系统功能语法

系统功能语法作为一种功能学派，强调语言选择的使用情境及语篇功能。语言被认为是社会符号系统，语言的选择实现和表达特定的功能与意义，是系统和功能的结合。系统是指在特定社会语境下对词汇语法体系的语言选择，功能是语言系统选择所实现的社会意义。在系统功能语言学理论中，语言系统的选择实现三个元功能，即概念功能（ideational metafunction）、人际功能（interpersonal metafunction）和篇章功能（textual metafunction）。其中概念功能由经验（experiential）功能和逻辑（logical）功能组成，经验功能指用语言谈论世界经验和描述周围所发生的事件或情形，而逻辑功能是表示小句与小句之间关系的机制，通常以并列关系或从属关系的形式体现。人际功能表示建立语言和保持人际关系、影响他人的行为以及表达对世界的看法和态度。篇章功能刻画语言组织信息的方式，表明信息与信息之间的关系。

较早涉及学术英语研究的是分析科学文本中的主位推进模式（Hutchins 1977）。主位推进模式一直是系统功能语法在学术语篇篇章功能研究中的主要应用，该模式试图从Hutchins所谓的“微观结构”出发，分析“宏观结构”的信息安排。例如，Nwogu & Bloor（1991）考察医学语篇的主位推进规律，研究发现医学论文的正文和摘要与大众科普杂志中的医学报道在模式选择上存在差异。医学论文正文以“同一型主位模式”（constant theme pattern）为主，大众科普杂志的医学报道以“线性主位模式”（linear theme pattern）为主，而医学论文的摘要则介于两者之间。此外，Ventola & Mauranen（1991）对学术语篇主位推进模式进行了跨语言的对比研究。研究通过分析芬兰学者的英文语篇，发现他们几乎毫无例外地使用“同一型主位模式”和“线性主位模式”，而英语本族语作者则使用各种不同的推进模式。研究还发现芬兰学者较少使用主位连接手段，且连接手段也比较单一，仅限于moreover、thus、therefore和also等少数几个连接词。

系统功能语法在学术英语研究中的另一个重要应用是基于“评估系统”（Martin & White 2005）探讨语篇中的人际意义。评估系统关注的是词汇语法层面以及篇章层面的评价语义，由态度（attitude）、介入（engagement）和级差（graduation）三个子系统组成。态度子系统包括情感（affect）、判断（judgement）和鉴赏（appreciation），分别指人们积极或消极的感情(如高兴、担忧、感兴趣、厌烦等)、人们对行为的态度(如赞美/批评、表扬/谴责等)以及对一些现象是否有价值的评估(如是否完善、美丽等)。介入子系统分为单声与多声评价，描述作者如何运用语言调节人际关系，传递主观判断，以此“结盟”相同观点者，“疏离”不同观点者。单声评价仅提供唯一立场，多声评价则暗示多种立场共存。对于其他立场，多声评价有收缩与扩展两种倾向。收缩评价反对其他立场，闭合对话空间；扩展评价包容其他立场，为读者预留选择立场的余地。借助级差子系统，情感、判断和鉴赏可用不同强度的语势表达作者态度，或者通过不同典型性与确切性的聚焦，介入别人的态度。Hood（2010）和刘璇、徐玉臣（2011）分析学术语篇中评估系统的语言实现形式，并列举作者是如何使用评估资源与不同的学术立场结盟的，进而构建与读者的人际关系。

1.4.2 体裁理论

体裁不仅指文本和交际事件的类型，而且是“一种有步骤的、以交际目的为导向的社会互动过程”（Martin 1992：505)。体裁联结篇章中的语言表达形式和交际目的，通过交际目的来解释特定体裁的篇章结构和语言特征。前面谈到，Hyon（1996）依据不同的研究侧重和教学倾向，将体裁研究归纳为新修辞、系统功能语言学和特殊用途英语三个学派。

新修辞学派指北美学者在研究一语写作（composition）和修辞时涉及的体裁视角。它着重关注体裁发生的语境及其社会行为与目的。正如Miller（1984：151）在该学派开创性文章“Genre as social action”中指出的那样，“体裁的修辞意义不是围绕其语言内容和语篇形式，而是关注它所实现的社会实践”。因此，新修辞学派强调考察体裁发生和使用的社会情境，通常运用民族志（ethnography）等方法深入描述体裁参与者共同体的态度、价值观和信念等主体认知。与学术英语相关的有影响力的文献是Bazerman（1988）和Myers（1990）两部著作。Bazerman（1988）通过探索学术期刊论文百余年的历时演变，发现学术论文文本表征与科学共同体的学术发表实践、科学范式以及普世价值等社会文化变化息息相关，认为该体裁作为重要的知识载体推动了学术语境的发展。Myers（1990）以期刊手稿和项目申请书为焦点，关注年轻的生物学家是如何通过这些学术体裁跻身学科共同体的竞技场，获取学界的认可与支持的。可见，该学派学者强调体裁的动态发展属性，即体裁随着作者与读者交际意图的改变而变化，或者说，体裁演变也促使参与者的交际目的发生改变。因此，新修辞学派学者提倡重视体裁对语境和参与者的创造潜能，认为体裁研究应该在互文中进行，了解参与者是如何根据对体裁的先验知识而展开社会行为的。但是，该学派并不关切二语课堂教学，同时认为课堂并非是真实的学术环境，因为它缺乏真正的学术互动与读者交际（Hyon 1996）。

相较于新修辞学派，系统功能语言学学派和特殊用途英语学派一方面关注教学需求，另一方面侧重体裁的语言本身，探究交际功能和语言形式之间的关系。系统功能语言学学派受其语言学理论溯源的影响，旨在深入分析情景语境中语言形式和功能之间的联系。该学派认为，情景语境由语场（field，指谈论的内容）、语旨（tenor，指参与者的身份及相互之间的关系）和语式（mode，指话语的修辞方式和交际功能）构成，体裁的语言选择与情景语境有着系统性的关联（详见Halliday & Matthiessen 2013）。例如，手册和指南这类引导类体裁包含大量的行为过程小句，因为该类体裁突出执行操作的语场；教材中通常含有高频的关系过程小句，因为说教类体裁主要传递事实信息的语场内容。语场、语旨和语式又被称为语域变量，因此系统功能语言学学派认为体裁是“语域+目的”，是以特定的语言结构来配置语域资源，从而达到交际者的交际目的。此外，系统功能语言学学派还关注语篇的图示结构（schematic structure），分析文本结构和句子层面的语言选择，如词汇、语法和衔接手段等。例如，Coffin（2006）通过考察“历史描述”（historical account）类学习者体裁的图示结构，发现该体裁由背景、描述序列和推论三个阶段构成。在描述序列阶段，学习者按照时间顺序陈列事件，但并不是简单地一一讲述事件，而是以前一事件作为后续事件承担施事功能的形式展开。这一体裁图示结构及其交际功能致使描述者运用大量名物化的语法隐喻，在句首主位使用名物化结构表达施事动作。

特殊用途英语学派虽然也受教学驱动影响，但是有别于系统功能语言学学派。前者旨在帮助英语非母语的学习者掌握学术和行业英语的语言特征，而后者以中小学移民的弱势学生群体为对象。此外，两个学派对体裁语言分析的精细程度不同。如果我们设定“语言”和“语境”为一个连续体的两个终端，那么系统功能语言学学派位于最左侧，新修辞学派在最右侧，特殊用途英语学派则位于中间位置。Hyland（2002：115）评价道，“特殊用途英语学派采取折中视角，既借鉴巴赫金的互文性和对话性概念，又融入系统功能语言学的文本解读思想。它是系统功能语言学的应用，但却并不倚重语法分析的层级、系统性以及纯理功能的示例与体现”。该学派认为，体裁是一类具有相同交际目的的交际事件，话语共同体成员普遍接受和认可该交际目的，同时交际目的又决定体裁的存在，使得同类体裁语篇具有大体相同的图示结构，并影响文本内容和语言选择（Swales 1990：58）。因此，该学派的体裁研究主要由两部分组成：一是描述语篇组织结构的语步分析；另一个是句子层面的词汇、语法特征考察。语步分析最著名的当属Swales（1990）提出的“创建研究空间”（Create A Research Space，即CARS模型）模式。Swales基于158篇多学科的科研论文引言部分语料库，发现这些学术论文在组织结构方面有规律可循，且相当一致，基本上都遵循CARS模式。他将论文引言结构概括为三个语步：语步一，确立研究领域（establishing a territory），通过回顾前期研究成果阐述研究问题的重要性，其中三个步骤包括建立中心议题，概括论题内容及回顾前期研究成果，其中第三个步骤为必要步骤；语步二，确立研究缺口（establishing a niche），指出前期研究的不足，再次重申研究的必要性，其步骤包括反驳已有观点，指出不足或空白，提出问题或继承前期研究成果，其中步骤二和步骤三是必要步骤；语步三，弥补研究缺口（occupying the niche），告诉读者引言中提出的问题将在正文中如何解决，其中又包括概述研究目的，综述当前研究状况，通报主要发现以及介绍科研论文结构等步骤。随后，Swales认为在批量的文本基础上观察总结的体裁组织结构和语言使用是“反复的、具有规律性特征的”（repetitive regularity），而这种规律性语言特征是“不同研究领域进行学术交际的最好符号”（Swales 1990：171）。在发现语步结构的基础上，Swales（1990：144）找出了实现语步交际目的的词汇语法特征，譬如在确立研究领域时惯用的表达方式。现在完成时是典型的语法特征，如recently, there has been wide interest in...和many investigators have recently turned to...等。这些都是被受众的话语共同体所接受和认可的语步结构与语言特征。

系统功能语言学和特殊用途英语学派倾向在语言学视角下，运用功能语法和语篇分析等方法，考察体裁交际功能的词汇、语法表达和修辞策略。相比之下，新修辞学派更多关注体裁的社会语境，而淡化词汇和语法的精细分析。这一学派常常使用民族志的方法，分析体裁的社会行为以及使用者共同体的态度、认知、价值观和社会行为。尽管Johns（2003：206）认为“特殊用途英语学派的体裁视角越来越关注语境，与新修辞学派产生了更多的交集”，但是Ding & Bruce（2017：72）认为，学术英语研究受系统功能语言学和特殊用途英语学派的影响最大，同时也借助语料库语言学的方法，大批量地识别了语步结构的词汇、语法形式与规律。

1.4.3 语料库

作为大规模自然发生的语言实例集合，语料库能够帮助我们观察到词汇、语法和语篇等不同层次的语言特征在学术语境中反复使用的规律。下一节将详细阐述语料库与学术英语研究的结合。

1.5 语料库与学术英语的结合

前文谈到，Charles Barber 在1962年发表的文章"Some measurable characteristics of modern scientific prose"标志着学术英语研究的开端。Barber 基于2.3万余词的三篇科技文本，统计了动词的时态和语态形式，发现28%的实义动词用于被动语态，被动语态的最常用时态是现在时，约占25%。可见，学术英语研究自始便与语料文本和语言观察结合在一起，并受益于语料库。正如Hyland(2012a：30)所言，"很难想到比学术英语研究受语料库影响更大的应用语言学研究"。

学术英语在观察和分析学术活动与话语实践的基础上组织教学，满足学生学科专业学习和各类学术交流的需求。可见，学术英语研究"以解析学术交流涉及的语言(包括词汇、语法)、话语和体裁而展开"(Dudley-Evans & St John 1998：5)。了解这些语言、话语和体裁信息最为有效的途径莫过于接触话语活动和语篇文本的实例。语言实例不仅为学术英语本体研究提供充分的实据材料，同时也为学术英语教学提供参考学习范例。语料库语言学以真实的语言事实作为数据来源和研究对象，为学术英语研究提供了实例文本库和全新的研究思路。语料库语言学基于丰富的真实语言资料，从调查语言信息的分布频率入手来研究语言，以实际使用中的语言现象的出现概率为依据进行词汇或语法形式的统计分析，从中寻找语言使用的规律，进而对语言、语言交际和语言学习的行为规律进行多层面和全方位的研究(徐秀玲、许家金 2017；杨惠中 2002)。Nesi评价道，"毫不夸张地说，所有的语料库研究路径都有益于学术英语，它的优势就在于几乎每一次对学术语料库的检索都会给学术英语研究者提供未知的新信息……语料库有助于提高人们对学术语篇的种种认识，包括词汇、语法、短语和体裁类别等”（Nesi 2016：206）。

语言本体特征、教学发展与教材开发是学术英语研究的三大议题，即揭示学术英语的语言特征，提高学术英语教学实践，设计教学材料和资源。根据相关学术英语综述研究（孙云波、冯婕 2014：93），几乎95%的语言本体研究都基于语料库，涵盖学术英语语法、语体、词汇、语篇和体裁等诸多方面。语料库观察和分析建立在大量真实文本和自然发生的语言使用基础之上，能够最大限度地获得语言特征普遍化的归纳信息，而这种归纳信息一方面概括学术语言的一般特征，另一方面增强研究结果的效度与可比性。杨冬玲、陈坚林（2015）针对学术英语研究进行知识图谱演化趋势分析，发现在2001年至2005年间，应用语料库手段的论文引用率高且覆盖面大。

尽管综述研究指出了学术英语和语料库结合的重要趋势，Ding & Bruce（2017）指出，评价一个研究方法是否适用于学术英语研究，需要考虑三方面问题：一是它会给学术英语研究提供什么信息；二是它能够如何提高学术英语范畴内的文本能力、体裁意识和社会语境知识；三是它涉及的语言学习理论能够如何促进学术英语能力的提升。前面两个小节指出，学术英语研究本着语言研究和教学的双重目的，一方面揭示学术语言的本体特征，另一方面结合语言本体分析反哺语言教学。学术英语研究强调在获得学术语言特征的基础上增强学习者对该语言特征的了解，进而提高学生参与学术对话与知识交流的话语能力。Bhatia（2004：144-145）认为，话语能力包含文本能力、体裁意识和社会语境知识。其中，文本能力不仅包括准确掌握词汇和句式等浅层语言特征的本领，还涵盖驾驭文本、修辞和语用知识解构与重塑文本的本领；体裁意识指学生能够识别、建构、阐释及充分运用各类体裁及要素资源，完成话语实践，融入话语共同体的能力；社会语境知识表示可以运用语言参与社会与机构活动，表达社会身份的素质和能力。由此可见，Ding & Bruce（2017）提出的上述三个问题主要是围绕学术话语能力展开的。接下来，笔者将分别探讨这三个问题，进而评判语料库对学术英语研究的价值和适用性。

第一，语料库给学术英语研究提供什么信息？

词表（wordlist）、主题词（keyword）和索引（concordance）是语料库处理文本样本的三个主要手段(梁茂成等 2010)。

首先，词表确切来说指的是词频表，是一个语料库中所有词及其出现频数的列表。它可以按词语出现的频数、词语占全部文本的百分比排列，也可以按字母顺序排列。词频表可用来调查语篇词汇的密度、多样性、复现率、高频实义词等词汇类型或频数特征，进而比较某些词在不同文本或不同语体中的分布状态等。学术英语中较有代表性的词表研究是Coxhead（2000）的学术英语词表。它对涵盖学术文章、大学教材和实验手册的350万词学术书面语语料库展开词表研究。在排除英语最常见的2,000个词汇后，Coxhead分析了剩余词汇的词频和分布率，得出学术英语词表。该词表涵盖570个词族（word family），占学术文本全部词汇的10%，而这570个词族在同等规模的小说语料库中仅占1.4%。可见，该词表充分呈现出学术用途英语词汇的特征。Coxhead（2000）认为，从另一个角度讲，词表所呈现的词汇恰恰也是学生在各类学术交际中需要掌握的词汇，因此学术英语词表为学生和教师列明学生在学业知识学习以及教师在学术英语教学中需要重视的词汇。杨冬玲、陈坚林（2015：3）认为，Coxhead（2000）在应用语料库方法产出学术词汇列表的研究领域具有里程碑的意义。因为在2000年之前，结合语料库与学术英语的研究数量有限，且语料库规模较小，主要使用手工统计的方式。由此可见，词表可以提供语料库词频方面的统计信息。

其次，主题词表是指某篇或某一批语篇中与参照语料库相比具有超高复现频率的词汇列表。主题词表可以用来揭示语篇的内容大意、文体风格、主题词之间的语法和语义联系，也可以揭示主题的情节发展。通过观察主题词，还可以发现某一即定文类或主题文本的词语特征。梁茂成等(2010: 86)认为,“词语像人类一样聚群……一些特定的词语群总是被触发,表达相同或相似的主题”。根据这一特点,我们可以计算某一文本或某一类文本的词语分布,并与其他文本的词语分布进行对比,把文本中那些显著高频的词语析取出来,生成一个词表。该词表可被看作是主题词表,反应文本的“所言之事”(aboutness)(Scott 2000)。生成主题词表需要两个语料库,一个是用于观察和分析的语料库,称为“观察语料库”(observed corpus),另一个是用于对比的语料库,称为“参照语料库”(reference corpus)。观察语料库可以是单篇文本,也可以是同类题目的多个文本。参照语料库可选用通用语料库,其总量要大于观察语料库。Römer & Wulff(2010)以密歇根大学高水平学生论文语料库(Michigan Corpus of Upper-Level Student Papers,简称MICUSP)为研究对象,以生物学科子库为观察语料库,MICUSP为参照语料库,得出生物学科子库的关键词表。species、gene、plague、cells、protein是主题性(keyness value)最高的五个词。这表明生物学文本涵盖的内容和学科特性。可见,主题词表提供学术英语中针对特定学科和体裁的特色词汇,是学生在专业学科知识学习中需要掌握的词汇。

索引又被称为“语境中的关键词”(Key Word In Context,简称KWIC),它是某一检索词在被检索的语料文本中出现的所有检索行的列表。通常,检索词居中,同时前后各有若干词,呈现其周边一定范围内的语境。索引可以按照检索词的字母顺序给出,或者检索词左右某位置的字母顺序列出,以便于我们从索引行中寻找规律。通过观察索引行中的检索词和它的“搭配”(collocation),我们可以了解该词的使用语境、规律和范式。Tribble(2002)以雷丁学术文本语料库(Reading Academic Text Corpus)的植物分子生物学文本为语料,检索activity并以字母顺序排列activity右侧的第一个单词,得到索引行如下(见图1.3):

across the plasma membrane, and that activity depended on the maintenance
belief in everyone's mind that enzyme activity depended on membrane integri
) of the in vivo activity, and their activity disappears completely when m
because it was invariably found that activity disappears when tissue is ho
Yang and Hoffman, 1984). Some EFE activity is retained by vacuoles isol
sation of the flavanone 3-hydroxylase activity required inter alia anoxic c
en went so far as to propose that EFE activity was associated with proton t
cals which resulted from lipoxygenase activity (Yang and Hoffman, 1984). A
itchell et al., 1988) of the in vivo activity, and their activity disappea
t require Fe2+ and ascorbate for full activity, and it is now as amenable t

图 1.3 雷丁学术文本语料库的 activity 索引行

Tribble发现在植物分子生物学文本中，activity多与动词或动词短语depend、disappear、required、associated with连用，这体现了生物学活动的独特行为（Tribble 2002：137）。此外，他还发现activity也受到enzyme、flavanone 3-hydoxylase、lipoxygenase的修饰，清晰界定了该行为的学科倾向。接下来，Tribble（2002）又分别在雷丁学术文本语料库和LOB语料库的言情小说子库检索in，分别得到图1.4和图1.5的索引行。可以看到，在学术文本中，in后常跟随经过修饰的名词，而在小说文本中，in则常伴随动词和人称代词。可见，in在不同语体文本中的使用语境和规律是不同的。

ng and Hoffman, 1984). All in all, little progress was bei
), which is readily assayed in vivo by supplying tissues wi
given rise to a firm belief in everyone's mind that enzyme
, pointing the biochemists in the right direction
erting ACC to ethylene, but in these preparations ethylene
orm 2R, 3R-dihydroflavonols in the biosynthetic pathway to
progress was being made in characterising EFE. para Unt
entered the scene. In 1990 Hamilton et al. reporte
identified a gene (pTOM13) in tomato which encoded for th
ied. para The final step in the biosynthesis of the plan
me had never been studied in vitro because it was invaria
chell et al., 1988) of the in vivo activity, and their ac

图 1.4 雷丁学术文本语料库的 in 索引行

urtains and let the sea breeze in before he got into bed
o leave this house . . .' I broke in on her tirade. 'That's
a minute, Mrs. Landry,' he broke in gently. 'Loss of memor
act exactly the same,' she broke in. 'Please drive back. I
m the others is that my brother's in love with Lois. He nev
lking about when tea was brought in. Diana will soon be tw

图 1.5　LOB 语料库言情小说文本的 in 索引行

词表和主题词对教学大纲制定者和教学材料编写者来说具有重要的参考价值。教学大纲制定者可以根据词表和主题词拟定教学大纲的词汇部分；同样，教材编写者可以围绕词表和主题词进行教材编写，并辅以语料库索引设计相应的词汇和语法练习。

第二，语料库是如何增进学术英语范畴内的文本能力、体裁意识和社会语境知识的？

语料库研究通常涉及两个层面。首先是微观层面的词汇考察。上述词表、主题词等信息揭示的是学生在学术或特定专业学习语境中需要掌握的词汇和主题词。例如，Thompson(2006)考察英国学术口语语料库(British Academic Spoken English corpus，简称BASE corpus)经济学讲座语料，对其词表和主题词进行分析。他发现经济学讲座中仅有Coxhead(2000)学术英语词汇表570个词族中的340个。此外，他通过主题词分析进一步发现，经济学讲座中名词的主题词特征尤为明显，高频名词主题词有：accounts、budget、capital、choice、commodity、constraint、cost、curve、debt、demand、elasticity、exports、income、liberalization、market、probabilities、profit、supply、trade、value、variable等，而let、represent、maximize、consume等则是常见的动词主题词。他认为，这些名词主题词体现经济学话语中"实体抽象化"和"过程具体化"的特点，而动词主题词的出现迎合了经济学话语的"符号表征"和"数理阐释"特征(Thompson 2006：263)。可见，语料库的词汇发现可以反映出学生应该掌握的文本能力。正如Thompson(2006)的研究表明，学生在学习经济学课程时，不仅需要理解而且也要利用represent和let等主题动词建立符合表征和数理的关系，营建经济学假说。

其次是语法句式层面。就语法句式而言，Charles(2000)以英语为母语的材料学和政治学博士论文为语料，观察"引导型It"结构(例如，It is important to note...或It seems reasonable to attribute...)的频率和功能，发现政治学论文使用"引导型It"结构的频率约为每十万词150例，材料学论文的频率略高，约为每十万词170例。在分析了该结构中谓语动词和评价形容词后，她进一步发现两个学科论文通过"引导型It"结构表达不同的学术立场和声音，并认为这是受学科知识特点和知识建构方式的影响。同时，Charles认为，两个学科的论文在该结构使用上的相似之处源于一般意义上的学术行为过程和价值判断能力，如合理、信度和效度等。因此，该语法结构在一定程度上体现学术语篇的文本能力。

接下来的部分将通过学术引用(Hyland 1999a)和博士论文文献综述(Flowerdew & Forest 2009)两个实例，讨论语料库在增强体裁意识方面的作用。文献引用(citation)在学术论文体裁中的知识建构与观点铺垫方面起着至关重要的作用。学术论文的重要交际目的是推介研究和观点。新知识的产生和其真实性架构在学科知识网络与文献载体上，采取适当的引用方式和话语策略援引前人文献，铺垫新知识产生的学科框架，能使学科读者信服研究论文和结论观点。Hyland(1999a)通过语料库发现，学术引用的主要形式是非嵌入式引用，即把被引作者和文献置于引句之外，从而突出被引文献，淡化作者参与度。此外，他还发现学术引用的另一个特征是以转述总结被引文献为主，少有段落摘抄。在转述动词的使用方面，理工学科论文以研究类动词为主，如observe、show等，而人文学科论文以言语类动词为主，如suggest、argue等。可见，语料库数据发现能够反映出学术论文体裁是如何将前人的观点纳入自己的论证的，是如何评价和发展前人的观点的。

Flowerdew & Forest（2009）以博士论文文献综述部分为语料，以research一词为出发点，发现research一词在文献综述部分的使用频率为900次，且出现在70%以上的综述中。值得注意的是，当论文作者在建立“揭示研究空白”（indicating gap）语步时使用research一词的频率最高，约每千词8次，是其他综述语步的五倍，而在“进行理论回顾和文献观点调查”（surveying knowledge claims）时反而使用较少research。他们考察research一词的搭配，进一步发现两个惯用的搭配措辞：little research has been done和further research is needed。文献综述微观体裁的交际目的无外乎是找到文献缺口，铺垫当前研究的价值和意义，进而推动研究现状的发展。上述研究能让我们看到该词汇的使用频率和短语搭配是如何为体裁的交际目的服务的。如果把这种基于语料的发现展示给学生或者学术新手，无疑会增强他们的体裁修辞意识和语用能力。

第三，语料库涉及的语言学习理论能够如何促进学术英语能力的提升？

根据Tribble（2002）的观点，学术英语能力由学科知识、写作过程知识、情境知识与语言系统知识组成。其中，学生的自主学习主要围绕学科知识展开。尽管教师需要开展各类教学活动来帮助学生提高写作过程知识、情境知识和读者意识以及语言和体裁知识，但是Tribble（2002：132）认为，在学术英语知识构成方面，语料库是教师教学与学生自学的重要资源。通过以上分析与例证可以清楚看到，语料库的数据发现为教师提供关于学术英语的文本知识、体裁和社会语境知识等方面的信息。

就语料库相关语言学习理论而言，王龙吟、何安平（2005）和Flowerdew（2015b）认为“数据驱动学习”和“注意”是最重要的理论接口。

“数据驱动学习”（Data-Driven Learning，简称DDL）由Tim Johns于20世纪90年代初提出，是指在教室或课下自学时使用语料索引，让学生探索目标语的使用规律。语料检索可以更好地体现以学习者为中心的发现式学习。例如，当学生在撰写学术论文时无法确定data suggest和data suggests哪一个才是正确的语法使用的时候，便可以登录BNC网站，分别检索data suggest和data suggests。学生会发现前者出现的频率为73次，而后者的出现频率仅为11次。约七倍的差距可以令学生清楚地看到data suggest更符合学术写作的常规，这将帮助学生决定在学术论文中使用前者。检索结果还将学术语境中使用data suggest的语境提供给学生，学生可以通过观察掌握data suggest的语用功能。这是DDL成功运用在学生自主学习中的例子。可见，它已经超越传统的课堂学习活动，成为一种学生独立自主进行发现式学习和探索式学习的模式。

由此可见，DDL是以语料库为基础，使用原始语料或通过语料库检索工具得到的结果进行语言学习的发现式和探索式学习模式。它可以是以教师为主导，将原始语料或通过语料库检索工具得到的结果编制成教学材料和练习。然后以学习者为中心设计一系列教学活动，引导学生发现目标语的规则，提高学生对有关知识点的敏感度。此外，它还可以是学生根据个人不同的学习需求和意愿，自己检索语料库，进行发现式和探索式的学习模式。根据语言习得的规律，语言知识的记忆不能保证语言使用的正确，必须有大量语言的输入才能使学生掌握所学习的语言。在语料驱动学习的过程中，语料库索引将大量的目标学术语呈现给学生，相比传统教学为解释某一学术英语规则在教材中提供有限的几个例子，DDL提供给学生的语言输入量要大得多。此外，由于语料库收集的是实际使用中的语言，它所提供的不仅是大量的语言输入，而且是真实的语言输入。与此形成对比的是，传统教材上的语言例子很多是由教材编写者根据自己的语言直觉编写出来的，并非真实语境下使用的语言。DDL所提供的语言输入在质和量两个方面都优于传统教学中的语言输入。

就“注意”而言，Schmidt(1990)认为，它等于“注意力”与“意识”之和，它影响语言输入向语言纳入转化的过程。语言学习者在进一步处理语言输入或将其中的某种形式转化为纳入之前，必须注意到这种形式的存在并理解它，纳入就是学习者注意到的那部分输入。王龙吟和何安平认为，由学生自己发现的凸显语言形式较容易被内化为纳入，“因为学习者必须首先经历‘注意’这个阶段，然后才能有所发现，这样一来，他们发现的语言形式必然也是他们注意到的语言形式，因而这样的凸显部分较容易被内化为纳入，进而有利于提升对该语言形式的意识”（王龙吟、何安平 2005：30）。以下的教学实例体现了语料库索引对学生学术英语知识的提高作用。

在教师的指引下，学生分别以although和though为检索词，从鲁汶英语本族语论文语料库（Louvain Corpus of Native English Essays，也称LOCNESS）中提取相关索引行。although的索引行有150条，though的索引行有52条。接下来，再观察although和though在句子中的位置并进行分类编号，进而归纳出四种语言形式，如表1.3所示。

表 1.3 although 和 though 的用法分类

类别 检索词	a 频率（%）	b 频率（%）	c 频率（%）	d 频率（%）	总频率
although	101 (67.3%)	39 (26%)	10 (6.7%)	0	150 (100%)
though	8 (15.4%)	9 (17.3%)	0	35 (67.3%)	52 (100%)

（1）编号a代表although和though所引导的从句或短语在主句之前。

例句：Although laws may have changed, deep-rooted prejudiced attitudes remain in these adults.

（2）编号b 代表although和though引导的成分在主句之后。

例句：Sometimes they need to write just to express their pain or unsure feelings, though, more often, their purpose is to teach a lesson.

（3）编号c代表although和though引导的成分在主语之后作插入语。

例句：Britain, although small, is more often than not in the fore of international matters.

（4）编号d代表although和though后面不接任何从句或短语。

例句：He did nothing to help though and continued to walk by.

在although的150条检索结果中，半数以上的although引导的从句或短语出现在主句之前（67.3%），所有的although都用作连接词引导从句或短语，无论它们在句中的位置如何。在though的52条检索结果中，though引导从句或短语出现在主句之前的情况只占总数的15.4%，而在超过半数的情况下（67.3%），though不用作连接词。

王龙吟、何安平（2005）在上述教学实例基础上进行了评价：学习者在教师的指引下，利用语料库索引进行类似以上述步骤的归纳，可以发现一些语言形式方面的凸显特征。如上所述，这些学术英语的语言特征是学习者自己注意到的，因而更易于语言习得。

此外，大量的实证研究表明了学生对学术英语课堂采用语料库方法和自行探索索引表现出了积极的态度（如Yoon & Hirvela 2004），并肯定了语料库和数据驱动学习对提高词汇语法认识的作用，增强了独立学术写作的自信度（如Yoon 2008）。就高级学习者而言，Starfield（2004）实地观察和跟踪记录博士生在进行二语研究学术写作时自助使用语料库的情况，发现语料库的数据驱动学习有助于博士研究生策略性地选择使用学术英语资源，从而建立适当的立场身份，更好地融入话语共同体。可见，语料库涉及的语言学习理论可以有效促进学术英语能力的提升。

总而言之，围绕Ding & Bruce（2017）提出的三个问题，我们在大量的实证研究和思辨阐释的基础上清楚地看到，语料库语言学的语料、方法和理论充分契合学术英语的研究与教学。语料库通过提供语言使用频率和真实使用环境，揭示学术英语特定的词汇和主题词以及基于学术体裁规约的语言使用规律；另一方面，数据驱动学习等与语料库相关的理论能够促进学术英语的学习以及学术英语能力的提高。

1.6 学术英语语料库类型

1.6.1 语料库的类型

常见的与学术英语相关的语料库包括自建语料库和开放语料库、通用语料库和专门语料库、口语语料库和笔语语料库、本族语者语料库和二语学习者语料库、专家语料库和新手语料库、共时语料库和历时语料库等，以下将逐一介绍。

第一，自建语料库和开放语料库。

根据学术英语研究的目标，研究者通常结合教学实践自建语料库。譬如，研究者对新兴的生物信息学学科的语篇特征感兴趣，便可搜集生物信息学领域权威的期刊论文，自建该学科语料库。又如，研究者对不同年级学生的学术论文语言特点感兴趣，便可搜集不同年级学生的学术论文，自建专门语料库。当然，我们也可以结合自己的研究目的选择已建成的开放语料库。例如，以不同年级学生学术论文的语言特点为研究目标，研究者除了选择自建语料库，还可以选用包括英国学术笔语语料库（British Academic Written English corpus，简称BAWE corpus）和密歇根大学高水平学生论文语料库（MICUSP）在内的开放语料库。采用现成的开放语料库可以减少建设语料库的技术困难，简化搜集、清理、标注和赋码过程。在线的应用界面也为用户提供方便的操作方法。然而，自建语料库能够实现更为灵活、具体和专门的语料搜索和调查，这对于学术英语研究来说更具针对性。

第二，通用语料库和专门语料库。

通用语料库（general corpus）通常代表一种语言的整体，而专门语料库（specialised corpus）代表某一种用途或领域的语言。英国国家语料库（British National Corpus，简称BNC）和美国当代英语语料库（Corpus of Contemporary American English，也称COCA）是最为典型的通用语料库，它们分别代表英国英语和美国英语，既包含笔语又包含口语，同时涵盖各类语言的使用场合和语域。因此，基于BNC和COCA的发现和结论往往是关于英国英语和美国英语整体的情况。但是，学术英语所用的通用语料库一般是代表多语域的学术英语整体，比如BNC学术语体集合。这类通用语料库可用于揭示学术英语有别于其他语体的专有语言特点。例如，Coxhead (2000) 集合学术英语各类体裁，包括期刊论文、教材、通用语料库的学术体裁部分和学术指南，整体考察了通用学术英语词汇的频率和覆盖率。

相对来说，学术英语中的专门语料库通常是代表某一学术体裁、某一学科和某一群体的语料库。比如，华中农业大学建立的农科医学英语论文语料库（刘萍等 2015）是农科医学领域的权威期刊论文的专门语料库，代表该特定学科体裁的语言使用。对于学术英语语料库的建设和选择，语料涉及的学术语境越具体，体裁和学科类别越明确越好。

通用语料库虽然一般都含有学术英语部分。但是因为通常存在全文欠缺和体裁不均衡两方面问题，所以它们在学术英语研究中的适用性有限。这两个问题在学术英语研究中不可忽视。以BNC为例，BNC含有500个书面学术文本，约为1,600万词符，体裁涵盖论文、教材、专著、评论等。BNC的书面学术部分可以作为考察学术英语的整体语言特点的文本，譬如与BNC全库比较，分析学术英语的主题词。但是我们需要注意的是，BNC学术部分的体裁分布不均匀。在医学领域，90%的语料是期刊论文；在社会学和法学领域，60%来自专著，40%来自期刊论文；而在社会科学领域，80%来自专著，只有20%来自期刊论文。可见，我们应该谨慎使用BNC学术部分进行学术语篇的学科对比。体裁的学科分布不均降低了学科之间的可比性。尽管通用语料库不是以体裁代表性为建设标准，但是其学术文本部分存在的另外一个问题是语料常常不是完整的文章，而是文章片段，这不利于体裁结构分析等语篇研究，限制了应用的范围。可见，通用语料库未必适用于学术英语研究。正如Lee (2001: 37) 的观点，语境具体的专门语料库对于特殊用途英语研究具有更大的价值。专门语料库能够实现语料文本之间的可比性，便于基于体裁结构的文本考察，可以在纯语言分析中加入互动、语用和语境因素。

第三，口语语料库和笔语语料库。

语料库按照语言传播媒介又可以分为口语语料库和笔语语料库。相对于笔语语料库，口语语料库建设难度较大，因为它受口语发生的即时多变环境影响较大，同时取样过程复杂困难。此外，口语语料库的建设还需要转写——把口语语料人工手动转写成文本，以文字形式录入语料库。为了满足各种研究需要，在转写口语语料时，通常还需要制定转写规则，规范记录口语特征(如停顿、犹豫、重复、强调等)的操作。因此，通常口语语料库学术英语研究在规模和数量上比笔语语料库学术英语研究相对要少。在学术英语研究方面，英国学术口语语料库（BASE corpus）和密歇根学术英语口语语料库（Michigan Corpus of Academic Spoken English，简称MICASE）是两个具有权威和代表性的口语语料库，均以学生的学术英语口语为对象。以MICASE为例，该语料库包括学业辅导（advising session）、研讨会（colloquium）、论文答辩（dissertation defense）、小组讨论（discussion section）、访谈（interview）、实验交流（lab section）、课堂教学（lecture）、会议（meeting）、办公室交谈（office hour）、讲座（seminar）和论文报告（paper presentation）等，也囊括了常见的学术英语口语交流场景。与英国学术口语语料库（BASE corpus）和密歇根学术英语口语语料库（MICASE）相对应，英国学术笔语语料库（BAWE corpus）和密歇根大学高水平学生论文语料库（MICUSP）是较具代表性的笔语语料库，涵盖了学术英语语境中常见的笔语交流体裁。以MICUSP为例，该语料库包括论说文（argumentative essay）、创意写作（creative writing）、评论（critique/evaluation）、研究计划（proposal）、报告（report）、研究论文（research paper）等，涵盖学术英语书面体裁广泛的语言特征。

第四，本族语者语料库和二语学习者语料库。

学术英语语料库另一个常见的分类是本族语者语料库（native speaker

corpus）和二语学习者语料库（learner corpus）。本族语者语料库通常收集的是英语母语人群产出的学术英语语料，而二语学习者语料库收集的则是英语作为第二语言的语料。在研究中，我们常常把二语学习者语料库作为观察语料库，以本族语者语料库为参照语料库，进行对比分析，目的在于发现学习者语言的特点。Sylviane Granger提出的中介语对比分析方法（Contrastive Interlanguage Analysis，简称CIA）是较为常见的学习者语料库研究方法。

第五，专家语料库和新手语料库。

专家语料库（expert corpus）和新手语料库（novice corpus）是学术英语研究方面独特且十分常见的语料库分类。专家语料库收集的是被认定为学术话语实践资深人群的语料，代表学术英语话语共同体认可的语言特征，而新手语料库收集的是在学术话语实践方面处于新手学徒阶段人群的语料，代表有待被学术话语共同体接受的语言表现。学术英语与其他变体的英语语言不同，它被学界认为不是任何人的母语（Bourdieu & Passeron 1994；Hyland 2015a）。因此，正如Swales（2004：56）所言，学术英语语言使用最重要的区别不在于本族语和非本族语者，而在于经验丰富、资深的学者与经验不足的初学者。Hyland（2005b）自建多学科本科毕业报告语料库和相应学科的权威期刊论文语料库。他将两个语料库分别视为新手语料库和专家语料库，对比学生和学科专家在学术语篇中使用“读者带入”（reader engagement）语言资源的异同。专家语料库和新手语料库有别于本族语者语料库和二语学习者语料库，专家语料库未必全是本族语者语料，而新手语料库也未必都是二语学习者语料。专家语料库和新手语料库都可以是本族语者语料。总之，学者需要根据不同的研究目标来选择适宜类型的语料库。

第六，共时语料库和历时语料库。

按照语料文本产生的时间，语料库又可以分为共时语料库（synchronic corpus）和历时语料库（diachronic corpus）。共时语料库收集的是同一时期内产生的语言，而历时语料库收集的是不同时期内产生的语言。历时语料库建设的目的是为了研究语言的历时变化，比如西班牙拉科鲁尼亚大学建立的哲学英语文本历时语料库(Corpus of English Philosophy Texts，简称CEPhiT)，相关研究旨在分析中古近代哲学学术文本的语言特征(Moskowich *et al.* 2016)或者以共时语料库为参照发掘语言发展和变化的规律(Seoane 2015)。就技术层面而言，相对于共时语料库，历时语料库的建设难度更大，面临的困难包括历史文本的搜集、历史文字的识别和转换等。

1.6.2 学术英语语料库建设

语料库的建设常常涉及诸多问题，如采集文本，取样和整理，考虑语料的代表性和均衡性，标注元信息等(Sinclair 2005；梁茂成等 2010)。对于学术英语语料库的建设而言，语料的代表性、均衡性以及元信息标注显得尤为突出。学术英语语料库研究讲求文本语境的专门性和具体性，比如文本所属学科越具体越好，文本体裁越明确越好，因此所建学术英语语料库需要能够充分代表聚焦的文本体裁，包含均衡的作者组成。

Leech(1991)认为，语料是否具有代表性涉及研究结果能否普及到所关注的语言或语境的整体。McEnery *et al.*(2006)认为，语料的代表性主要体现在文本的体裁范围和选取标准上。如果研究目标是学术英语的语言特征，那么语料在口笔语的体裁范围和构成上都需要均衡。就笔语语料而言，语料库不仅要包含研究论文、实验报告，还要包括教材、书评和学位论文等。如果研究者关注的是历史学期刊论文的语言特征，那么在建设语料库时需要考虑：是仅搜集研究论文，还是要包含书评和综述类文本。可见，语料的体裁范围取决于研究目的。此外，在建立期刊论文语料库时，我们还要全面地斟酌文本的选取标准。通常，一方面我们根据学科内期刊影响因子排名，如根据ISI Web of Knowledge发布的期刊影响因子参数，选定每个学科的期刊；另一方面，我们仍需要咨询学科专家，对排名上榜的期刊进行评价并给予推荐建议。经由以上两步确认的期刊名单应该才是权威的、有说服力的。

学术文本的作者构成往往比较复杂。比如，期刊论文既有独立作者的文章，又包含多人作者的合作文章；既有本族语者的文章，又有非本族语者的文章。由于作者构成复杂，在语料库建设时，研究者需要思考如何准确地定位一种期刊。比如，对比中外学术期刊语言特征的研究经常将*Chinese Journal of Applied Linguistics*界定为国内刊物，但是该刊物采用的是国际同行评审，而且发表大量国际学者的学术论文。因此，在建设学术英语语料库时，我们不可忽视文本的作者构成。如果研究目标是学术论文中自称语的使用，那么作者构成要保持均衡，或者全部是独立作者，或者全部是多人作者，或者各占一半。

第二章 学术英语语料库研究：功能与特征

语料库能够在大量文本中凸显潜在且反复出现的语言形式，而这些形式特征在建构学术语篇，考察学术语言使用的过程中起着隐匿但关键性的作用，因此语料库满足了学术英语研究在挖掘语言特征和功能、分析语域和体裁方面的需要。Hyland(2015b：292-293)提到，语料库给学术英语研究添加了实证维度，丰富了学术英语的研究方法，增强了研究者对学术英语观点论断的可信度，而且几乎所有的学术活动和话语标记都可以通过语料库进行收集和研究。可见，语料库不仅提供学术英语研究的真实数据记录，而且有助于研究者对语言活动展开描写和分析。就语料库的语言描述和研究而言，它常常围绕这样一个中心问题，即“某种语言，或语言里的某个语域，或某类篇章里到底有些什么语言单位、形式、系统或组合？它们的使用频率、时间、场合、原因和对象又是怎样的？”(何安平 2004：9)。因此，接下来的两章将分别围绕语言功能和特征、拓展与应用，对学术英语语料库相关研究进行回顾和述评。

2.1 围绕语言功能

系统功能语言学将语言的功能分为概念功能、人际功能和篇章功能三个方面。在学术情境中也不例外，三方面的功能与意义融入每一例学术话语中。大体而言，概念功能构建知识内容，人际功能表达话语参与者之间的人际关系，篇章功能组织话语结构。Brown & Yule(1983)将语言功能概括为事务性(transactional)和互动性(interactional)两方面。类似地，Sinclair(2004)把信息记录描述为语篇的自动层面(autonomous plane)，语言基于人际的、互动的一面称为语篇的交际层面(interactive plane)。接下来笔者将按照概念功能、人际功能与篇章功能的顺序对语料库相关学术英语研究进行述评。

2.1.1 概念功能

桂诗春(2009：119)指出，"学术语篇的一个显著特点是传递信息，它是概念性或业务性的。在语言上的载体大多数为名词、名物化结构、由名词派生的修饰语等"，所以名词及名词短语是学术英语业务性或概念语言功能研究方面较为集中的切口。以往的研究主要围绕名物化和名词性短语展开，在语料库的基础上探讨学术语篇中概念信息的表述形式。以下将逐一述评名物化和名词性短语。

第一，名物化。

名物化是指用名词表达原本用动词刻画的动作或用形容词描述的特征等一系列将事件、过程和状态转换为名词的过程，属于概念意义维度的语法隐喻(Halliday & Matthiessen 2013)。名物化把本来动态、主观性的范畴变为静态、客观性的范畴，使得语言形式更适宜学术话语(尤其是科学论文)的知识表达，因为科学论文常常突出一种"非主观介入风格"，强调观点信息的客观性，"使主观声音次属于纯粹的自然物界"(Hyland 2001b：216)。另一方面，正如Christie & Derewianka(2010)所言，名物化在知识建构和语言教育中起到重要的作用，关乎学术英语学习的成功与否。因此，国内外学者从不同视角和维度考察了学术话语中的名物化现象。

Banks(2003)基于物理学和生物学的历时学术论文语料库，发现近两个世纪以来，学术语篇中名物化现象显著增加，尤其在物理学科体现尤为明显。同时，在句法结构和功能方面发现名物化过程在学术文本中逐渐由名词词组的中心词（head noun）演变到中心词的修饰词（modifier）。Martin（1991）对少量文理学科的教学类文本进行考察，发现名物化过程在文理学科知识建构中具有不同的作用。简单来说，理工学科作者使用名物化建立文本和术语的专业性（technicality），例如compression、synthetization；人文类学术文本中更常见的是作者使用名物化过程提炼抽象化的观点和理论（abstraction），例如socialism、conceptualization。同样，Jalilifar *et al.*（2014）对应用语言学和生物学学术专著中的名物化特征进行了学科对比，发现应用语言学学术专著运用名物化特征比生物学学术专著更加密集，通过名物化过程呈现概念信息的倾向更明显。

Freddi（2005）和Thompson（2009）则集中关注应用语言学学术语篇中的名物化现象。Freddi（2005）以语言学基础教材为语料，发现说教类学术体裁的名物化特征大多涉及将言语行为（如suggest、claim、argue）转换为客观物化概念（如the suggestion that、the claim that、the argument that）的过程。Freddi（2005：13）认为由言语行为演变到物化概念的名物化过程适应了教材等说教体裁传递学科知识的需求，这有效地引导了学生的探询和思考。Thompson（2009）基于包含十篇应用语言学硕士论文的小型语料库，考察了论文评分级别与名物化使用的关系。尽管Thompson强调并非用名物化的使用多少评判论文的好坏，但是他发现评分高的论文名物化特征在频率和类别方面均高于评分低的论文。与研究过程相关的名物化现象（如investigation、limitation、assumption、conclusion等）尤其突出。最后，Thompson（2009：32-33）认为，论文评审赏识学术写作中名物化的使用，因为它在一定程度上反映出学生能够用抽象性的研究概念形式描述数据和课题，实现由学生到研究者身份的转变。另一个值得一提的名物化研究是Holtz（2009）。他对名物化的使用进行了学术体裁不同部分之间的对比。通过比较94篇学术论文的全文和摘要，他发现尽管名词是这两类学术体裁使用最频繁的词汇类型，但是摘要中的名物化比例(约每6.3个名词中有一例名物化)明显高于论文全文(约每7.2个名词有中一例)。可见，名物化在学术语篇的建构过程中能增强概念信息的密度，使得篇章衔接更加紧密。

在学术英语名物化研究方面，相对于国外研究趋于考察学术期刊论文体裁及对比不同学科在利用名物化过程建构知识和概念信息方面的差异，国内研究则更多地关注学习者语篇及其学术能力的发展，比较有代表性的学者及研究包括王立非、陈功(2008)，张会平、刘永兵(2013)，钟兰凤、陈希卉(2015)等。王立非、陈功(2008)对比中国大学生和英语本族语者的论说文语料，发现中国学生的名物化总体使用不足，但以-ion结尾的名词存在过度使用的特点，与本族语者相比存在显著差异。研究同时也发现名物化随英语水平的提高总体呈现上升趋势。张会平、刘永兵(2013)考察了中国学习者语料库中三个时期学生群体语法隐喻的使用情况，发现高中时学生名物化使用水平较低，主要表现为类型较少，频次较低，错误较多。然而，英语专业学生在大学本科一二年级与高中时的名物化使用相比没有显著提高，但本科三四年级较前两个时期已有显著提高。该研究揭示了学习者群体的学术语言和认知发展历程，体现了名物化的使用能力在英语学习中水平分阶段提高的过程。钟兰凤、陈希卉(2015)则通过语料库调查了研究生英语学术论文中包含名物化在内的语法隐喻的使用情况。研究发现在语法隐喻中，名物化的使用频率最高，且形式齐全，因此研究者认为研究生运用名物化语法隐喻能力表现突出。此外，通过对比中国学生和英语本族语者理工科硕士论文英文摘要，谭丽花(2011)分析了中国学生名物化的具体运用手段以及中国学生是如何通过这一手段使学术语篇呈现客观、抽象、信息密度高的特点的。

另一个比较明显的关注点是名物化现象的语域差异对比，其中杨信彰(2006a)、雷秀云(2000)和王晋军(2003)的研究有较大的影响力。杨信彰(2006a)基于包含简易读物、学术文本和法律文本的小型语料库，分析了名物化在这些语体中的分布，结果显示简易读物的名物化数量最少，法律语篇的名物化数量最多，学术语篇居中。通过分析，他认为简易读物的读者对象通常是儿童或初学英语的学生，这种语旨要求使用简明易懂的语言；学术语篇面对研究工作者，作者在论述科学现象时需要将过程看成现象，所以经常省略那些有意识的动作而使用被动语态，因此其名物化主要体现在大量表示概念的名词词组上；法律语篇为了条文的严谨性以及概念和定义的精确性，使用大量的名物化结构，导致名物化结构的出现概率比较高。以包含学术英语、新闻英语、法律英语、英语小说和英语寓言等语域的语篇为语料，王晋军（2003）统计了语篇中名物化结构的总数，并计算出名物化结构在这五种语域中所占的比例，同样发现法律英语中名物化的比例最高，其次是学术英语，两者的名词化比例比较接近。新闻英语的名物化比例比小说高，而童话和寓言中几乎没有名物化结构。因此他认为名物化比例正好与语篇类型的正式程度相吻合。换句话说，名物化的比例越高，语篇的正式程度也就越高，篇章结构和信息量也变得更浓缩和凝练（王晋军 2003：76）。此外，雷秀云（2000）基于上海交通大学科技英语语料库（Jiao Da English for Science and Technology corpus，简称 JDEST corpus）分析了学术英语的各类语法特征，再次证实了学术英语中名物化现象频率较高，并认为名物化有助于学术英语体现信息量大而密集的特点，从而使得学术英语更精炼、正式和抽象。

此外，国内还有一部分研究是基于硕博学位论文考察各类摘要体裁中的名物化现象，如吴辉（2007）、吕蕾（2014）和刘禹辰（2015）等。尽管研究关注不同的体裁和学科，但是结论基本上都反映一个事实，即摘要具有短小精悍、信息密度大、高度概括的特点，名物化过程能保持紧凑的句式结构和高密度的信息分布，这对提升语篇信息的经济性起到重要作用，因此摘要是分析名物化现象和结构十分有效的学术体裁。

第二，名词性短语。

名词性短语的产生和应用与名物化现象是分不开的。正如Ravelli

(1996：380)所言，“名物化过程往往会衍生其他相关的语言特征，最为典型的情况莫过于衍生各种前(后)修饰语的名词性短语，它通常表达正式的、学术的以及专业的语体”。通过分析小型多学科学术论文语料库，Vande Kopple(1992)一共找到约2.5万个名词性短语，发现其呈现两大特点：一方面，这些短语占语料总词汇量的82%；另一方面，超过五分之一的短语是作句子的主语。Vande Kopple(1992：334-336)认为，学术英语中大量使用名词性短语体现出学术语篇以事物为导向且以概要式信息呈现为主的特点(thing-oriented)，同时也满足了“精确指代”(precise reference)、“客观表意”(objectivity)和“措辞精炼”(conciseness)的语用需要。同样，Biber *et al.*(1999)和Schleppegrell(2004)认为，学术信息在语篇中常常被包裹在名词性短语及其修饰语中，由于名词性短语指代具体，能够在语篇结构中表明语篇的具体内容及其相关性，因此增强了学术文本的概念信息密度与论说文本的语义连续性。

在学术英语的名词性短语研究方面，Douglas Biber及其团队无疑是具有代表性的和影响力的。他们的主旨观点认为学术文本突出名词性短语的使用，短语句式压缩语句概念信息含量，提高语法复杂性，同时随着结构缩紧，语意变得愈加含蓄、非显性(Biber 2006b；Biber & Gray 2010a，2010b，2013)。他们的研究关注点主要有四个方面：首先，关注学术期刊论文中的名词性短语；其次，讨论学术语境下口笔语的语域差别；再次，考察学术文本中名词化短语的历时变化；最后，分析学习者写作及其语言复杂度。

根据Biber & Gray(2010a)所言，传统观点认为学术写作句法复杂，在结构上扩展详尽，在语意关系上清晰明确。他们以420篇多学科学术论文为语料来验证传统观点，结果却发现相反的事实。研究结果表明学术写作的句式结构并非依靠从句扩展详明，而是突出使用套嵌短语构式修饰语的名词性短语结构，因此在结构上收缩紧凑。在此基础上，他们也质疑了关于学术写作语意关系的传统观点，认为学术写作收缩的语体风格并不产生清晰明确的表达效果，而是产生晦涩隐性的语意关系。在他们看来，这种非显性的语意表达不无道理，它使信息呈现简短紧凑的特点，专业娴熟的学者可以借此快速地浏览文章并提炼关键信息（Biber & Gray 2010：18）。同样，Biber *et al.*（2009）解释道，学术语篇存在大量的名词性短语是因为学术话语的受众读者专业化程度越来越高。更多的读者具备专业的背景知识和信息储备，交际沟通的目的性也愈加特殊、具体。基于对包含学术论文、科普读物、报纸和小说的多语体语料库的分析，Biber & Gray（2013：102）将影响名词性短语使用的因素归纳为三大点：语体写作（written mode）、信息交际目的（informational purpose）和受众群体（specialist audience）。相对于科普读物、小说和报纸，学术论文尤其是科学期刊文章和报告，是有别于日常生活经验的新信息和新技术的。它面向专业的读者群，而且它的写作发表往往经过更多的修改（revision）和编辑校对（editing）。这些因素或多或少都会影响学术论文中名词性短语的使用。

Biber *et al.*（1999）基于大型朗文英语口笔语语料库的经典代表作 *Longman Grammar of Written and Spoken English*（《朗文英语口语和笔语语法》），谈及了名词性短语在口笔语不同语体里的差别。他们发现尽管在会话和小说中频繁出现名词性短语，但是超过60%的学术论文使用的名词性短语都附带大量的修饰词（modifier），而这在会话中却极为罕见，会话中仅有15%的附加修饰词。具体到学术语境下口笔语的差异，Douglas Biber在2006年出版的专著 *University Language: A Corpus-based Study of Spoken and Written Registers*（《大学语言：基于语料库的口语和书面语的研究》）（Biber 2006b）中给予了全面且重要的论述。他发现尽管学术语境下口语和书面语使用的指称表达（referring expression）和名词性短语在数量上相当，但是学术口语更多地使用代词，而学术书面语体则更倾向于密集地使用扩展名词性短语，例如“名词+名词”结构（career objective、forest land management）。此外，Biber（2006b）还对不同语体名词性短语的中心词（head noun）进行了分析，结果显示书面语中经常出现的是抽象（过程）名词（abstract/process noun），如system、factor等。这些名词表达无形、抽象的概念和过程，在学术书面语中，名词性短语中心词的比例超过50%。与之不同的是，在学术口语语体（如课堂教学、小组讨论等）中，thing作为中心词的频率非常高，每百万词大约出现3千次。

此外，Douglas Biber及其团队关于名词性短语的另一研究脉络是考察学术文本中名词化短语的历时变化（如Biber & Gray 2011a；Biber & Gray 2011b，2013，2016）。他们沿着Halliday（2004）的理论观点，即科学论文从语法和表达“一致式”（congruent）的撰文风格逐渐演变到依靠名词进行多形式表达的“语法隐喻”风格，进行基于语料库的实证考察。基于包含科学期刊论文、新闻报道、小说以及会话的共时和历时语法赋码语料库，Biber & Gray（2011a：229）提到，在近一个多世纪的时间里，学术写作逐渐演变成为“紧缩”的话语风格和句式结构，并总结出在这过程中发挥重要作用的五类语法特征：名物化（nominalisation）、形容词作定语（attributive adjective）、名词作名词的前置修饰词（noun as nominal premodifier）、介词短语作名词的后置修饰词（prepositional phrase as nominal postmodifier）和同位名词短语（appositive noun phrase）。Biber & Gray（2016）还发现学术论文语体风格逐渐从18、19世纪的依赖从句传递信息逐渐演变到20世纪的大量使用名词性短语传递信息。后者的特点是少用动词和从句，密集地使用名词性短语并在其前后附加修饰词。在近150年的时间里学术写作才逐渐确立这种大量使用非从句短语（non-clausal phrase）的话语风格，即最小限度地在句子成分中嵌入从句，因此尽管学术写作中存在越来越多的名词，但是在这些与名词相关的短语中，通过从句实现句式扩展的数量并没增加。大量地使用名词性短语使得学术写作的语意表达越来越晦涩。因为作为修饰词的名词与中心名词之间的关系复杂发散，由此产生的句意关系不如从句修饰语表达得清晰明显（Biber & Gray 2011b）。然而，他们多次提到，学术写作这种名词短语式语体风格的历时演变是由多方面因素造成的，譬如对文章的反复修改和编辑校对，“信息爆炸式”传播促使简洁、经济性的语言表述以及文本读者和话语对象愈加专业化、群体化等（Biber & Gray 2011b，2013，2016）。

另一方面，Biber *et al.*（2016）和Staples *et al.*（2016）通过名词性短语分析学习者写作及其语言复杂度。Biber *et al.*（2016）基于托福iBT考试作答的大型语料库考察不同题型和不同分数的作答在语言复杂度上的差别，考证各类语言特征在验证考试信度和效度的有效性。研究发现以往常用的状语从句（adverbial clause）和动词补足语从句（verb complement clause）仅能够较好地衡量口语考题，而作为前置修饰词的名词（premodifying noun）、介词短语（prepositional phrase）和作定语的形容词（attributive adjective）等名词性短语结构才能更有效地测评笔语任务类型的题目，因为名词性短语结构在笔语试题作答中的频率与多维度语体分析的第一维度赋值吻合，和托福iBT分数成正比例相关。因此，他们建议将名词性短语结构纳入语法复杂度的语言测评体系中，尤其是用于信息性写作任务的考核（Biber *et al.* 2016：26）。在此基础上，Staples *et al.*（2016）基于英国学术笔语语料库考察了本科一年级到研究生阶段学生写作语法复杂度的断面变化，发现随着学习阶段的增长，名词性短语使用复杂度也随之递增，而限定性附属从句随之减少。

在一定程度上，Douglas Biber团队在名词性短语研究方面代表了国外相关研究的现状和走向。相比之下，国内学者没有形成稳定的研究团队与鲜明的研究脉络。一部分研究（李平、曹雁 2012；庞继贤、陈珺 2015）关注学术期刊论文标题中名词短语的使用，分析论文作者如何利用名词性短语表述文章主旨概念信息。庞继贤、陈珺（2015）以国内外应用语言学领域于2009—2013年期间发表的期刊论文英语题目为语料，比较了国际与国内期刊论文英语题目语法结构的异同，发现尽管论文题目中最常见的是名词短语，但是国际论文作者运用更多的是复合结构，即利用名词性短语构建主副标题，而国内论文作者则更倾向在单一标题中使用名词短语结构。通过比较，作者认为在复合结构中使用名词性短语有助于在题目中尽可能多地包含论文信息。主标题常常包含论文的主要内容、目的或成果的关键词语，副标题则为解释部分，进一步提供研究范围和方法等信息。李平、曹雁（2012）则以科技期刊论文标题为对象，从百万词的科技期刊英语论文中抽取4,492个标题作为语料，分析得出84.5%的标题是名词短语形式，名词性短语中采用既有前置定语也有后置定语的混合式，最为典型的结构是“定语+中心名词+定语”。这一结构占到总标题数的61.9%。作者认为名词短语结构可以简化表达，浓缩信息，达到用最少的词表达更多信息的目的。

另一部分国内研究者则考察特定学科学术文本中所含名词性短语的特点。例如，黄静（2016）对物理学科学术论文名词短语复杂度进行了基于语料库的分析，发现物理学科作者倾向于通过在两词或多词中添加连字符的方法构成复合形容词以扩展名词短语的词义，如two-threshold-cleaning algorithm和vector-like quarks等。黄静（2016：95）认为“这类复合形容词在学术论文中能大幅度提升名词短语丰富度，更符合学术语言的高信息密度要求”。于海燕（2011）对轮机英语名词短语进行研究，自建源于各种轮机英语教材、词典和机舱设备操作手册的轮机英语语料库，发现“名词+名词”以及“名词+名词+名词”的结构最为频繁，同时也发现“名词+名词”结构中作前置修饰词的名词多用来限定中心名词，比如pencil case、chess board等；“名词+名词+名词”结构中修饰名词和中心名词的语义关系通常是“施动者+行为+中心词”，例如value drive mechanism。作者认为轮机英语写作中名词性短语独特的修饰关系反映出该学科特有的知识建构和概念信息呈现方式。

此外，国内还有部分研究考察中国英语学习者写作中名词性短语的运用情况。万琦（2011）考察了中国英语专业本科生在写作中使用名词短语的复杂性、多样性和准确性情况，发现英语专业学生使用的名词短语较为单一，多为“限定词+中心名词”结构。同样，彭立宏（2015）借助中国学生英语口笔语语料库（Spoken and Written English Corpus of Chinese Learners，简称SWECCL）和BNC，在对比考察中国英语学习者的名词短语使用情况后，发现相似的结果，即中国英语学习者多使用简单的名词短语，少用复杂结构的名词短语。林生淑（2016）则关注英语专业硕士研究生毕业论文中名词短语的使用情况。该研究以47个高频学术名词为基础，对中国英语专业硕士研究生毕业论文语料库和国际期刊研究论文语料库进行对比后发现，研究生的学术名词短语修饰语使用体现了压缩性结构的特征，短语修饰语类别的选择顺序与期刊论文一致，但是研究生使用的具体短语性修饰类别和期刊论文差异较大。这突出表现在：研究生过度使用名词修饰语；形容词修饰语使用不足；of 以外的其他介词使用频率较低。

2.1.2 人际功能

相对于语言的概念功能，更多的学术英语语料库研究把视线落在人际功能上，正如Hyland & Jiang（2017a：40）评述道，“近些年大量的应用语言学研究热衷于挖掘学术语篇中人际互动的语言表象和证据，探索语篇作者与读者之间是如何建立协商一致的人际关系的”。究其原因，一方面或许是由于语言的对话性一直是当代语言研究的热门话题（辛斌 2003）；另一方面，学术写作表面上看似是一个以客观性信息交易为主体的体裁，但是在这样的体裁中发掘人际互动的主观要素，无疑会增加成果发现的可读性，从而激发目标读者极大的兴趣（Bazerman 1988；Myers 1989；李战子 2001）。

学术话语中人际功能突出立场评价和读者带入两方面内容。立场评价是指“作者个人情感观点和价值判断的表达”，体现“作者对知识信息持有何种态度，对信息准确性的把握程度，如何评判知识来源以及对知识信息评判的视角”（Biber 2006a：99）。不同学者通过不同的理论概念和建构对立场评价进行了解读，例如“评价”（Hunston & Thompson 2001）、“评估”（Martin & White 2005）等。大体而言，这些概念描述相似的话语活动，但是Crosthwaite *et al.*（2017）认为Hyland和Biber关于立场评价的概念和分类最适宜基于语料库的学术语篇分析。Biber等人先后将立场评价分为“实据”（evidentiality）和“情感”（affect）（Biber & Finegan 1989）以及“认知立场”（epistemic stance）、“态度立场”（attitudinal stance）和“言语风格”（style of speaking）（Biber *et al.* 1999）。但是，立场评价不仅是认知和情感的表达，也是作者的一种自我呈现（Ivanič 1998）。因此，Hyland（2005c：178）将立场评价归结为“社会互动过程中以作者为中心的抒发”，包括“实据”“情感”和“自我呈现”。同时，他认为这三个方面分别回答了学术作者撰写文章时经常提出的三个关键问题，即“我对这个论断的把握有多大？我对此持有什么样的态度？我是否希望该论断自己凸显出来，跃然纸上？”（Hyland 2016b：248）。

读者带入是指以受众为导向，引入读者参与论证过程的语言资源和手段，学术语境下通常包括提问、读者称谓、指令语、共享知识和附加语等五种语言资源（Hyland 2001a，2005c）。需要指出的是，尽管英文术语都是engagement，但它有别于Martin的“多声介入”（Martin & White 2005）。读者带入体现作者识别读者以及其在语篇生成与解读过程中的建设性作用，而多声介入作为评估资源的一个子系统，反映作者否认、宣告、接纳和归属一种观点或声音，因此是言语互动中的一种立场评价视角（王振华 2003）。

可见，立场评价和读者带入体现的是语言使用而不是个人行为，学术话语并非只是自说自话。相反，它是一种社会行为，具有社会建构属性。作者的自我表达和引入读者参与需要获得读者和目标共同体的接受和认可。它们体现的不仅是作者的个人意愿，更是符合了目标读者和话语共同体的期望和规约，在目标读者和话语共同体之间的协商和认同过程中实现意义（Hunston & Thompson 2001；Hyland 1998b；Lancaster 2014）。因此，国内外有关学术英语立场评价与读者参与的研究集中在考察特定的学科、体裁、话语共同体内的形式和表达。下面将分述立场评价与读者带入。

第一，立场评价。

首先，在学科方面，Ken Hyland无疑是具有代表性和深远影响力的学者，他的系列研究（Hyland 1998a，1999b，2001b，2004a，2005c，2012c）通过自建多学科学术论文语料库揭示了“硬学科”（hard disciplines）和“软学科”（soft disciplines）作者在表达立场和劝谏立说方面的差异。在语料库方面，他通常以物理、生物、医学和电子工程学代表理工和自然等硬学科，以应用语言学、哲学、社会学和营销学代表人文和社会科学等软学科。八个学科的学术期刊论文共计约1.7万词符。如前文所述，在理论建构方面，他将立场分为自我呈现、实据和情感三个维度。在自我呈现方面，Hyland（2001b）发现we和I是学术语篇中自我呈现最普遍的表达方式，而且四分之三的第一人称代词都源于人文及社会科学，理工学科尤其是工程学几乎很少使用第一人称。基于学科知识论属性，他解释道，“理工学科的研究议题通常是围绕严谨的实验操作，所以尽可能地减少个人角色和人为因素以突出研究的客观性；而人文和社会科学学科的读者群松散，且知识结构跨度大，所以观点的说服力往往建立在作者权威的笔锋和文本互动之上”（Hyland 2001b：210）。

在实据方面，Hyland（1998a）以“模糊语”（hedge）和“加强词”（booster）为出发点，认为实据体现学术语篇作者对知识表达的谨慎和自信，同时反映出作者对读者潜在认知和观点的猜测和考量。在对56篇多学科期刊论文自建语料库进行分析的基础上，Hyland（1998a：356-361）发现学术论文中充斥着大量的模糊语和加强词，每篇文章约有120例实据标记词，但是哲学、营销学和应用语言学等软学科使用模糊语和加强词的每万词标准化频率是物理和电子工程等硬学科的两倍。他认为理工学科共同体学缘界限清晰，实验方法和检测控制精准，异议变数有限，因此模糊语和加强词的运用空间小。人文和社会科学学科则不同，它们受话语语境变数影响较大，且鲜有非黑即白的学术观点，观点的阐述更大程度上取决于学者之间的知识协商。文理学科的这种知识论差异有助于解释实据使用的学科差别。在情感方面，Hyland（1999b）基于同样的语料库，发现情感标记语仅次于模糊语，约占立场评价标记语的19%，但是受相同的学科认知和知识建构的影响，“硬学科”的情感标记语明显少于“软学科”。

除此之外，近几年越来越多的研究关注其他学科在立场标记和人际互动方面的特点，例如理论数学（McGrath & Kuteeva 2012）、生物医学（Gross & Chesley 2012）、生物学和历史（Silver 2012）、材料科学（Charles 2007）、人类学和历史学（McGrath 2016）等。McGrath & Kuteeva（2012）基于自建的25篇理论数学领域期刊论文语料库，与Hyland（2005c）的研究进行比较后，惊奇地发现理论数学学术论文中包含的模糊语和情感标记语比其他学科少很多。其中一个原因或许是理论数学是建立在纯事实基础上的理工学科，研究结果的可信度始终建立在百分之百的准确度之上（McGrath & Kuteeva 2012：166）。Gross & Chesley（2012）以308篇生物医学学术论文为语料，探讨模糊语立场标记与生物医学论文行业的相关性，结果显示研究成果与行业相关性越大，模糊语使用的频率越低，这样有助于生物医学研究者追求更大的商业价值。

Pho（2013）和McGrath（2016）在软学科内部深入挖掘学科语言使用的细微差异。他们分别对比了应用语言学与技术教育、人类学与历史学在立场标记方面的不同。Pho（2013）的调查结果显示，相比技术教育学，应用语言学学科产生较晚，促使其在文献综述部分使用更多的模糊语；技术教育学比应用语言学拥有更多的产业利益相关者，因此在呈现研究价值时投入更多的情感。McGrath（2016）关注同属人文学科的历史学和人类学，考察自我呈现的立场标记学科差异。研究对来自每个学科的18篇学术期刊论文进行分析，结果表明人类学论文使用第一人称I的频率明显高于历史学文章。McGrath(2016：91-93)认为这个差别很可能是由学科不同的知识建构方式造成的：人类学论文常常是基于作者回述田野调查时的生活经历，因此人类学文章包含大量的“叙述中的自我”也就不足为奇了。

以上文献对学科差异的阐释很大程度上是基于Biglan(1973)、Becher(1994)和Becher & Trowler(2001)对软学科、硬学科、应用学科和纯理学科的分类和认识。但是，随着后现代主义和知识模块对学科体系的影响(Trowler *et al.* 2012)，逐渐有研究者开始强调学科不同范式和研究方法论在立场建构方面的差别。例如，Hu & Cao(2015)以120篇应用语言学、教育学和心理学期刊论文为语料，将学术论文分为量化和质化两类研究范式，发现量化研究比质化研究的论文使用更多的模糊语、加强词以及情感标记语。然而，Gray(2015)认为学术论文中影响人际功能语言特征的因素是综合性的，既有学科群和单个学科的因素，也有研究范式和数据基础的影响。

其次，在体裁及结构方面，Hunston(1989)应该算是较早的研究，她提出评价立场的“状态”(status)、“价值”(value)和“相关性”(relevance)三个维度，分别刻画肯定性、重要性和观点判断。基于十篇科学实验论文的小型自建语料库，她发现科学作者在学术论文的结果部分常对研究主题的“状态”进行评价，在文献回顾部分评述他人研究时倾向表达“价值”的立场，在评述自身研究的重要性时以评价研究的学科“相关性”最为典型。此外，Hyland(1994，2004a)、Biber(2006a)和Bondi(2012)等对教材体裁进行了考察。例如，Hyland(2004a)对56本来自多学科的教材进行了基于语料库的立场标记分析，结果显示模糊语和加强词的使用频率最高，约占立场标记总量的一半。这一结果具有较大的启示，反映出教材体裁并非单单是对学科理论和事实中立客观地讲述。相反，教材编写者在呈现的学科知识内容中加入了自己对学科世界的认知判断与观点立场(Hyland 2004a：114)。

学术论文摘要也一直是学术语篇立场研究较为集中的体裁(Hu &

Cao 2011；Hyland & Tse 2005b；Jiang & Hyland 2017；Pho 2008；Sala 2014；Stotesbury 2003)。传统观点认为摘要写作是程式化的写作，语言极为简洁，扼要报告文章主旨。然而，研究发现摘要中存在大量的立场标记和评价判断，它们不仅以隐喻等隐性方式存在，而且在更大程度上通过态度和情态词汇直接显性呈现出来（Hu & Cao 2011；Stotesbury 2003)。Stotesbury（2003)、Pho（2008）和Jiang & Hyland（2017）等还发现在文献评述、反面论证、报告主要发现和推介主旨观点这四个关键语步中立场标记较为密集。摘要中策略性地表达立场，加入评价语言反映出作者揣测读者的话语期望，并结合摘要体裁的结构特点，在劝说性语步充分地彰显立场和价值判断，从而“抓住读者兴趣”（hook the reader）（Hyland & Tse 2005b)。

此外，对比英语本族语和二语学术作者在表达立场方面的差别也是国外学者常常关注的研究问题。其中，比较有代表性的研究包括Hyland & Milton（1997）对900篇中国香港地区大学生论文与770篇英国学生论文进行的比较，McEnery & Kifle（2002）对比了厄立特里亚大学生与英国大学生在论说文中使用言据立场的差异，Hinkel（2005）比较了中国、日本、韩国、印度尼西亚等亚洲国家本科生与美国本科生的学术论文，Lancaster（2011）比较了英语非母语的大学生与英语为母语的大学生学期论文中评价立场的差别，Lee & Deakin（2016）对比了留学美国的中国学生与美国本土学生在学术论文中立场标记的异同，Cao & Xiao（2013）则以学术期刊论文为语料对比了中国学者与国际学者在立场建构等方面的差异。这些研究反映出一个事实：英语非母语者的立场标记资源有限。这一问题主要表现在实据性立场评价方面，作者对事实判断过于强烈，这不仅不利于展开对话空间，也难以建立可信的作者身份。

相比国外相关研究的兴趣和焦点，国内研究则主要运用相关概念和框架，突出对比学术期刊论文与学习者语篇，力图揭示中国学习者学术文本的语言特征，从而指导学术写作教学（鞠玉梅 2016；娄宝翠 2013；潘璠

2012；徐宏亮 2007；周惠、刘永兵 2015b)。徐宏亮(2007：45)针对认知、态度和言语风格立场标记语，在自建语料库的基础上，对比了应用语言学领域中国高级英语学习者的博士论文和国际权威期刊论文在立场建构方面的差别。通过观察三类立场标记语在中国高级英语学习者博士论文的使用情况后，发现中国学习者使用认知立场标记语最为频繁，其次是态度立场标记语，言语风格立场标记语使用最不频繁。尽管这种分布规律也同样体现在母语专家作者的学术论文中，但是中国高级英语学习者使用的立场标记语在总量上远少于本族语专家作者。

娄宝翠(2013)和周惠、刘永兵(2015b)则分别以外壳名词和标记名词为切入点，对比了中国英语学习者硕士研究生学位论文与同领域国际期刊论文，考察了中国学习者使用名词资源表达态度立场和价值判断的情况。两组研究得到相似的发现：中国学习者使用名词立场资源的频率明显低于母语专家作者，且在外壳(标记)名词类符或形式上缺乏多样性，明显少于期刊论文的使用。就通过名词表达的立场而言，认知立场通常比态度立场多(娄宝翠 2013)，或者说，对研究作出认知判断的情形多于对言语表达的情感态度(周惠、刘永兵 2015b)。姜峰(2015b)认为，中国英语学习者在名词立场建构方面表现出的差异或许是由二语写作的复杂性和回避性的语言选择策略以及中英语言句法的不同所致。

国内学术话语人际意义的另一个聚焦点是书评体裁(陈令君 2008；蓝小燕 2011；唐丽萍 2004，2005；周惠、刘永兵 2015a)。学术书评的核心是评价，书评能否成功"不仅取决于书评作者对书籍内容和价值的公正评价，而且取决于他如何同潜在读者进行互动，从而使评价更具说服力"(蓝小燕 2011：14)。因此书评体裁成为学术语篇人际意义分析的理想语料(唐丽萍 2004：37)。蓝小燕(2011)以语言学领域书评为语料，研究发现书评蕴含的情感态度表达最少，判断资源的使用频率较高。情感突出的是书评作者个人的感情状态。与之相反，判断反映被评价者的特征，评价者完全被背景化了。这些都体现作者为书评客观性所进行的评价资源的修辞选择。同样基于语言学领域的书评语料，陈令君（2008）的统计结果表明了语气加强词大多修饰肯定性评价，弱化调节语修饰的否定性评价。她认为这不仅与书评作者树立客观公正的权威身份有关，还可能与其对原书作者面子需求的考虑有关。可见，书评语篇独特的体裁特点要求作者从人际因素的角度作更周全细致地考虑，维护创造一个和谐友好的对话气氛，从而提高书评的说服力，达到推动学术进步的最终目的（唐丽萍 2005：1）。

第二，读者带入。

读者带入是指以受众为导向，引入读者参与论证过程的语言资源和手段。如上所述，在学术语境下，它通常包含提问、读者称谓、指令语、共享知识和附加语等五种语言资源。相对于立场评价，国内外学术语篇的语料库研究涉及读者带入的相对较少，比较有代表性的包括Hyland（2001a 2005c）、Hyland & Jiang（2016）、Jiang & Ma（2018b）、Lafuente-Millán（2014）等。Hyland（2001a，2005c）基于自建多学科学术论文语料库，发现读者称谓是学术语篇中使用频率最高的带入手段，人文学科较理工科更倾向于运用读者带入策略，引导分散的读者群对研究议题产生共鸣。Lafuente-Millán（2014）进而发现母语文化亦会影响学术作者选择读者带入的策略，譬如西班牙学者受兼收并蓄的母语文化影响，通常倾向于使用we来带入读者。

笔者认为，读者带入的人际意义研究相对较少的一个原因是语料库手段难以实现对共享知识的识别和检索。例如Hyland（2001a）和Lafuente-Millán（2014）均表示研究者需要手工处理检索行，逐一识别共享知识标记。基于此，Hyland & Jiang（2016）进一步探索共享知识检索手段的可操作化，将共享知识归纳为"逻辑推理""研究条件"和"常规传统"三类，并提供每一类常见的可批量检索的话语标记。Jiang & Ma（2018b）对比了博士生开题报告与期刊论文语料库，发现作为年轻学者的博士生善用逻辑推理（如obviously），而避免使用学科领域内的常规传统词汇（如established）。这样更有助于体现出学科新手多谈思考、少讲常规的学徒身份。

尽管Basturkmen(1999)、Fortanet-Gómez(2004a)、Biber(2006a)、Aguilar(2008)、Grant(2011)等研究对学术口语语体中立场标记进行了考察，但是由于语料收集困难，转写繁杂以及语言受使用语境影响等多种原因，学术英语立场研究对学术语境下口语语体及体裁的关注仍显不足(Hyland & Shaw 2016)。口语语体的对话性与即时性令交际双方的人际互动显得较为自然，相比之下，学术笔语以概念信息为主要交际内容。在书面文本中挖掘被忽视的人际协商与交际特征正在吸引着学者的研究兴趣，因此会逐渐成为今后学术话语人际意义研究的重要关注点。

2.1.3 篇章功能

随着研究的深入，人们逐渐认识到学术写作不仅仅传递概念信息，产出可信文本，而且还表达丰富的人际互动意义，实现作者与读者的交互过程。在这一社会互动过程中，作者常常潜入文本，表达学术立场，在揣测读者对文本的反馈中引导读者充分地理解语篇含义，从而达到协商一致的目标。因此，文本互动曾被比喻成“双手击掌”和“双人交际舞”，作者和读者在撰写和理解文本的过程中一拍即合，不断实现语篇意义和建构学术知识(Jiang 2016)。不过，学术英语的人际意义和篇章意义往往交织在一起，使得人们在学术语篇的解构与重建中难以认清每种意义和功能的实现形式。Thompson & Thetela(1995)、Thompson(2001)、Hyland(2005a)和Hyland(2012c)提出重要的“交际”(interactive)和“互动”(interactional)两分法，用以准确观察文本交互过程，有助于梳理学术语言的人际功能和篇章功能。在他们看来，人际功能是以作者为中心，作者对命题信息表达立场和评价或者将读者引入到共同建构语篇的互动过程中来；篇章功能则以读者为中心，作者考虑并满足读者的认知和理解需求，是塑造话语可读性和可理解性的交际过程。在上一节，我们已经清楚地看到国内外关于学术语篇人际意义和交际过程的研究，接下来笔者将回顾并综述国内外关于学术英语篇章功能与交际过程的语料库研究。

衔接和连贯是学术英语篇章功能的主要议题（Ravelli 2004；Ventola 1996）。简而言之，衔接描述语篇的表层结构关系，而连贯则是语篇深层的语义或功能关系（Connor 1984；苗兴伟 1998）。换言之，语篇的衔接是通过词汇和语法等表层形式实现的，而连贯则是通过句子或语段之间的语义或功能关系实现的。国外研究从关注学生文本在衔接和连贯方面的语用能力（Connor 1984；Johns 1986；Kuo 1995；Parsons 1991），逐渐转向学术语篇在篇章功能方面的学科间性（Dahl 2004；Dos Santos 1996；North 2005；Ravelli 2004）。一方面，以主位–述位和连接词为内容考察衔接特征；另一方面，以附加语为对象考察连贯特征。

第一，衔接特征。

主位–述位结构是语篇衔接的主要形式。根据Halliday & Matthiessen（2013）所言，主位指小句的第一个成分，是信息的出发点，主位之外余下的成分便是述位。主位有标记性（marked）与无标记性（unmarked）之分。在陈述句中，主语充当主位是无标记的，其他成分充当主位时则是有标记的。一般说来，主位是交际双方已知的信息，述位则往往是发话人要传递的新信息，为对方所未知的信息。主位总是始于小句的开始部分，它是为小句设置情景的那一部分，并为解读语篇定位。North（2005）建立本科生历史公共课论文语料库，对比了不同学科学生使用主位结构的差异，发现文科学生论文成绩较高，而且更擅于运用标记性主位展开句子的信息。她认为标记性主位结构的使用不仅能有效衔接文本新旧信息，而且有助于信息表述更加清晰、更具劝说性。Ebrahimi（2017）针对标记性主位结构进行了进一步专门的对比研究，在多学科学术论文语料库的基础上发现了化学领域多用标记性主位特征刻画时间上的逻辑关系，心理学在表达因果关系方面时使用比例较高，应用语言学更倾向于利用标记性主位结构建立结论的数据实证关系。Gosden（1993）则关注非标记主位结构与学科知识建构和话语实践的关联性。他用三个理科（生物学、化学和物理学）的期刊论文构建语料库，将理科论文分成引言、实验方法、结果和讨论四个部分，发现引言部分出现较多与参与者相关的主位特征；在实验部分，物质世界信息作为主位的比例最大；而与观点、假设相关的主位集中在讨论部分。Gosden(1993)认为主位结构的选择契合期刊论文的“沙漏”结构特征，在参与者、物质信息和观点假设的选择中推进信息陈述，并使之更加衔接和可信。

在国内，尽管谢华(2009)对英语本族语者和中国学者在英语学术论文中主位结构的使用状况进行了较为全面的考察，但是更多的研究集中在对比英汉学术论文中主位选择的差异(如王纪芬 2006；王静 2004；魏昆 2009；余渭深 2002)。其中，余渭深(2002)基于自建语料库的研究比较有代表性。他以小型英汉科学期刊论文语料库为基础，对比发现汉语中标记性主位的功能使用明显多于英语，并认为一个重要原因是汉英句子结构的内在差异。譬如，英语中时间状语、方式状语等非标记位置通常在句末，此类状语在汉语中大多处在句首或句中而非句末。此外，英语使用了更多的表示语篇衔接的标记性主位，说明英语比汉语在学术论文写作时更注重形式衔接。

篇章功能衔接形式的另一特征是通过语篇连接词实现的。其中，篇章元话语和连接副词是国内外学者集中考察的衔接资源(Bondi 2006；Dahl 2004；Khedri *et al.* 2013；Shaw 2009；曹凤龙、王晓红 2009；邓耀臣 2006；罗一 2003；朱玉山 2012)。国外研究以学科差异对比为主，而国内学者则更关注学生文本，期望达到指导学术写作教学的目的。Dahl(2004)收集了医学、经济学和语言学的180篇期刊论文，论文作者涵盖以法语、挪威语和英语为母语的人群。通过对语料的分析，他发现经济学和语言学的论文结构非标准化，而且学术陈述以论辩说辞为主，受此影响使用较多的语篇元话语，进而增强论文语篇结构和信息组织的衔接性。通过进一步的研究，他发现了母语影响的重要性：英语和挪威语作者较法语作者使用更多的衔接词，因为英语和挪威语文化是以作者责任为主体，而法语是依赖读者理解语意。就学生文本而言，曹凤龙、王晓红（2009）对比分析了中美本科生学术论文中元话语使用的异同。结果表明，元话语在两组文本中都被频繁使用，使用最多的是篇章元话语。但是，他们发现中国学习者过多使用语篇连接词，原因主要是语言水平低和目标语输入质量不高，并非缺乏较强的篇章建构能力。邓耀臣（2006）进一步验证以往的结论，得到以下新的发现：中国学习者因果关系和列举关系连接副词的过度使用反映了他们在议论文写作中采用了不同于本族语作者的论证方式；中国学习者能够灵活运用的连接副词种类偏少是造成学习者过多使用高频连接副词的主要原因。

第二，连贯特征。

与衔接特征相比，语篇连贯与语料库结合的研究相对较少。究其原因，笔者认为由于连贯是语篇深层的语义关系，因此语料库手段不易处理。不过，Hyland（2007）、Murillo（2012）、Carrió-Pastor（2013）、Jiang & Hyland（2016）等研究寻找了语篇连贯的语言形式，通过语料库方法尝试介入对语篇连贯性方面的分析。例如，Hyland（2007）以附加语为切入点，提出重述（reformulation）和实例化（exemplification）两个概念，考察不同学科作者在学术论文中是如何建构语篇语义的连贯性的。研究基于240篇涵盖八个学科的百万词符学术论文语料库，发现整体而言文理学科在语篇连贯的附加语使用上没有显著差异，但是理工科倾向使用重述，而文科论文中实例化频率较高。Hyland认为，语篇连贯性的塑造和不同实现手法不仅是个体作者的撰文经验，而且代表学科共同体的共同智慧、对知识的言谈规范和认知理念（Hyland 2007：284）。对比英语和西班牙语期刊论文，Murillo（2012）发现母语为英语的作者使用重述标记语的频率较高，以西班牙语为母语的作者在撰写英文论文时使用的部分重述特征是从母语迁移而来的。同样，Carrió-Pastor（2013）对语篇连贯性特征进行英语本族语者和非母语者的对比，发现尽管英语非母语的作者较本族语者少用句首衔接词，但是他（她）们有意识地反复使用总结、对比等逻辑关联词。

国内方面，杨信彰（2006b：13）在对比学术语篇和法律文本语料库的基础上，讨论得出附加语是学术语篇的连贯性建构意义，具有突出其提高语篇“自然程度 、有效性和明显程度”的作用。此后，杨林秀（2008）、魏晓莉等（2013）和李志君（2014）相继探究了中国学习者和研究者的语篇连贯性特点。例如，李志君（2014）在自建语料库的基础上进行研究，发现汉语论文比英语论文使用数量更多、形式更丰富的复杂重述标记，中国学者撰写的L2英语论文在重述标记的使用频数、简单标记与复杂标记的相对比例和种类以及语篇连贯功能上均介于L1汉语和L1英语之间。

通过以上综述，我们看到学术话语不仅意在报告实验结果和概念信息，而且表达丰富的人际意义，建构可理解的连贯语篇。现有研究更多地关注学术语篇的人际意义，在看似客观的文本中探索作者对信息议题和读者表达的观点态度以及劝谏听者和话语共同体接受学术语篇的观点主张，认可研究结论的学科价值和重要性。学术英语的概念、人际和篇章功能一方面反映语言刻画科学研究的过程，实现知识传播的交际目标；另一方面三个功能的相互参照体现学术英语的话语实践和知识建构特点。

2.2　关注语言特征

Biber *et al.*（2007：1）将语篇的语言特征归纳为基于词汇、语法的“语言使用”以及“超越句子”的篇章结构。从词汇、语法建构到篇章结构，或者从篇章结构解构到词汇、语法，两个层面的呼应构成学术语篇语言特征研究“自上而下”（top-down）和“自下而上”（bottom-up）的路径（Biber *et al.* 2007；Charles *et al.* 2009；Davies 1988）。正如Davies（1988：134）指出，学术语篇一方面强调对上层交际功能单元进行分析，因为它是形成学术文本信息结构的基础；另一方面，也强调对词汇、语法等下层的语言使用手段进行分析，因为它们是上层篇章结构得以实现的基本要素。但是，学术英语研究通常使用语料库考察下层的词汇、语法特征，在探索句式和篇章结构等上层语言特点方面有待增强。因为篇章结构往往针对少量文本，需逐一深度标注文本，而语料库则有助于实现批量检索微观层面的词汇、语法特征（梁茂成等 2010）。本节将回顾基于语料库的学术英语语言特征的研究，将对下层的词汇、句式和上层的篇章结构进行逐一讨论。

2.2.1 词汇

词汇是语料库研究最直接的目标对象（Flowerdew 2015a）。然而就学术英语而言，基于语料库的词汇研究主要涉及三个方面：学术词汇的学科或体裁覆盖率、词汇的功能应用以及词块的形式与功能。

第一，学术词汇的学科或体裁覆盖率。

Coxhead（2000）基于350万词符的书面学术英语语料库，以幅度和频率为参数，提取涵盖57个词族的学术英语通用词汇表。然而，Gardner & Davies（2014）质疑了Coxhead（2000）以词族为单位判断词汇频率的做法，并以美国当代英语语料库（COCA）的学术文本为语料，提出了新一代的学术英语词汇表。尽管Coxhead（2000）和Gardner & Davies（2014）的研究已经充分体现了语料库在提取多体裁文本显著词汇方面的价值，但是国内外学者仍然在试论学术英语词汇表在学科和体裁方面的覆盖率问题。

Hyland & Tse（2007）针对Coxhead（2000）的学术通用词汇表，考察其在超300万词符的多学科、多体裁学术英语语料库的覆盖范围和频率。结果表明，尽管通用词汇表整体覆盖学术语料库的10.6%，但是每个词汇却通常以不同的覆盖率、频率、搭配和词义出现在不同的学科里。Valipouri & Nassaji（2013）基于自建的400万词符化学期刊论文语料库，对化学学科的常用词汇进行了深入的观察，得出约1,400个词族的化学常用词汇表。对比Coxhead（2000）的570个词族，他们发现其中仅有327

个词族出现在化学英语语料库中，覆盖率不及10%。此研究结果再一次激发学者挖掘其他学科的通用词汇覆盖率。例如，Lei & Liu(2016)转向医学领域，以Coxhead(2000)和Gardner & Davies(2014)为比较对象，总结出含有819个词族的医学英语通用词汇表。其中名词最多，包含444个词族；动词有133个词族；形容词有219个词族；副词最少，仅有23个词族。

为了弥补学术英语口语词汇特征研究的不足，同时帮助二语学习者提高理解英文学术演讲的能力，Dang *et al.*(2017)建立了1,300万词的学术口语语料库。语料既包含已建的学术口语语料库，如英国学术口语语料库、密歇根学术英语口语语料库，也包含耶鲁大学、麻省理工学院等高校开放课程的多媒体资源以及自建的课堂录音语料。为了尽可能地涉猎不同专业学生在学业学习中遇到的口语活动，Dang *et al.*(2017)的编集分属"偏理论的硬学科"(hard-pure)、"偏应用的硬学科"(hard-applied)、"偏理论的软学科"(soft-pure)和"偏应用的软学科"(soft-applied)四个领域的24个学科，并囊括课堂教学、研讨会、实验室讨论以及课业辅导四种交际类型。覆盖率标准是在四个领域都出现且在24个学科中超过一半的范围出现，频率设定为至少每百万词出现26.9次，要求词族出现在24个学科的离散度为0.6。研究发现了1,741个满足条件的词族。这些词族分为四个层级，前两个层级是满足词表条件的通用高频词(如alright、know、stuff)，后两个层级表示学术口语语料库中高频出现但非通用高频的词汇(如achieve、significant、aspect、review)。

第二，词汇的功能应用。

如前所述，学术英语研究参照系统功能语言学探讨语言特征的概念、人际与篇章功能。就词汇而言，亦是如此。Holmes & Nesi(2009)基于英国学术笔语语料库，分析了学术英语122个高频动词涉及的概念信息过程，例如历史学科常用suggest表达言语过程(verbal process)，物理学科则用show构建这一过程。而从人际意义考虑，陈建林(2011)认为这两例动词体现作者在揣测读者可能的观点后使用的模糊语和语气加强词，分别用以扩展和锁闭对话话语空间。同样，Flowerdew & Forest（2015）发展了名词资源的概念功能，进而系统讨论了名词的篇章功能，姜峰（2015a，2016）全面考察了名词的人际立场功能。可见，国内外研究主要围绕语言的概念、人际和篇章意义讨论词汇在学术英语中的功能应用。上一节已经充分讨论三个元功能在学术英语中的语料库研究，故而这里不再赘述。

第三，词块的形式与功能。

词块是学术语篇中反复出现的多词序列（Biber *et al.* 1999：990）。尽管词块的语料库方法方面超越其原有的"程序化"属性，在形式上更强调序列自然反复的共现，在统计上更强调发生频率及分布范围（Hyland 2012b）。因此，在学术英语研究中，词块被定义为"在特定的频率及分布标准下采用语料库方法检索提取的连续多词序列"（Chen & Baker 2010：30）。在操作上，最常见的是词块被设定为4词词块（Cortes 2004；王芙蓉、王宏俐 2015）。这些研究认为很多4词词块在结构上包含了3词词块，又比5词词块的使用频率高出十倍（Cortes 2004：401）。发生频率常被设定为每百万词出现20或40次，分布范围至少为语料库所有文本的10%。在功能分类上，Biber将词块在语篇中的功能视为"立场标记"（stance expression）、"篇章组织"（discourse organizer）和"指示功能"（referential expression）（Biber 2006b；Biber *et al.* 2004；Biber *et al.* 1999），而Hyland更倾向于将词块与学术语篇所表达的学术活动结合起来，认为它们分别体现"研究活动"（research-oriented activity）、"人际过程"（participant-oriented process）和"篇章过程"（text-oriented process）（Hyland 2008a，2008b，2012b）。尽管国内外开展了大量的词块研究，但是主要集中在各类对比研究，如对比不同体裁、不同学科以及对比学习者与资深作者、英语为母语与非母语者的词块使用情况。

首先，在体裁方面，Biber *et al.*（2004）对比了学术语境下的口笔语语域，发现课堂教学体裁出现的词块结构最多，其次是教材和期刊论文。

在词性方面，与名词相关的词块最为频繁，在上述三个学术体裁中呈现类似的分布。此外，课堂教学体裁还使用大量的动词词块，但教材和期刊论文中却很少出现动词词块。Biber(2006b)进一步细化了学术体裁在词块使用方面的研究，结果显示课程设置类体裁(如教学大纲)中词块出现频率最高，其次是课堂组织和各类校规文本。同时，他还发现尽管教材中词块频率较低，但所使用的词块绝大多数都属于指示类。陈海员、陈香兰(2012)深入讨论了教材中词块的分布和使用特点，发现大学通用英语教材内动词类词块最多，名词类次之，而ESP类教材中名词类词块多于动词类词块。此外，虽然语法构成方面存在上述差异，但是指示词块在两种教材中都是最多的，篇章组织类词块的数量次之，立场词块最少，因此陈海员、陈香兰(2012：72)认为这反映了"指示词块是教材词块的主要构成"。

学科间性比较也是词块研究的一个重要方向。Hyland(2008b)以自建的300万词符，涵盖电子工程学、生物学、经济学和应用语言学期刊论文和学位论文的学术文本为语料，考察4词词块在学科间的分布和使用情况，发现电子工程学文本所含词块最多，经济学和应用语言学次之，生物学最少。整体而言，"名词+of"词块频率最高，但是电子工程学和生物学更倾向使用"被动+介词短语"词块。学科差异也体现在词块的功能上：电子工程学和生物学运用最多的是与研究活动相关的词块，而经济学和应用语言学更依赖篇章过程类词块。Hyland(2008b：20)认为，不同的学科会选取不同的词块结构在不同的知识建构体系下发展语篇论辩，建立观点的言据信度，进而增强劝谏规约效果。词块择取和学科话语实践的相关性在王芙蓉、王宏俐(2015)的研究中得到进一步证实。她们选取高影响因子的SSCI语言学期刊论文和SCI工科论文作为语料进行研究，发现两类学科学者使用的词块结构形式相似，但两个学科论文中的介词和动词词块使用比例存在差异，指示性词块在两个学科论文中的使用比例较高，从而认为词块的结构、功能与学科研究方法、语境、写作体裁等密切相关。

最后，国内外学者更集中地分析不同人群在使用词块上的异同，认为"词块是学术语篇中高频出现的复现序列，区别于完全固化的习语表达，在日常使用中对于本族语者和非本族语者都具有心理真实性。加工提取便利，能够协助学术作者思考与写作。然而，学术词块被看作是专属于专家作者而非学术新手的语言资源"(周惠、刘永兵 2015c：35)。Cortes(2004)和Hyland(2008a)对比了学习者与资深作者文本中词块的形式和功能方面的差异，李梦骁、刘永兵(2016)和潘璠(2016)将研究对象定位为中国学者，Chen & Baker(2010)和周惠、刘永兵(2015c)则在更加广义的层面对比以英语为母语和非母语学习者使用词块的异同。以期刊论文为代表的资深作者文本内典型的词块在学习者文本中均存在缺位现象，如历史学科文本中篇章类词块和生物学中指示计量类词块(Cortes 2004)。而在李梦骁、刘永兵(2016)的研究中，中国学者使用的目标词块在数量和种类上均超过本族语者，但是在与研究活动相关和人际过程方面的词块使用欠缺。可见，中国学者在利用词块报告学术观点，建构语篇方面重视文本衔接性的同时却忽视"语篇的互动性和表述的严谨性"(李梦骁、刘永兵 2016：514)。学习者和中国学者在词块使用方面的不足也恰恰反映了英语非母语的作者使用词块的普遍特点，即总量上接近母语作者，但种类和语用功能方面存在显著的欠缺(如Chen & Baker 2010)。

2.2.2 句式

相对于词汇而言，基于语料库开展在句式层面的学术英语研究较少。笔者选取两个比较有代表性的句式结构(It型从句和评价性that从句)予以述评。

第一，It型从句。

It型从句(如：It is important to understand and master every pleasure.)是形式主语It连接谓语动词和名义主语的一种词句结构(Hewings & Hewings 2002)。作者在导入谓语形容词(important)和从句信息

（understand and master every pleasure）的同时，构建评价过程，即作者通过谓语形容词评价从句信息。Groom（2005）认为，It型从句不仅隐藏评价主体，使评价行为中立客观化，更具劝谏效果，而且也构成评价语言行为的“型式语法”（pattern grammar）。通过语料库分析，研究还发现当连接不定式从句时，该结构表达情感类态度（如重要性、难易程度等），当连接that从句时表达言据认知（如肯定性等）。此外，对比期刊论文与书评体裁语料，他发现该结构在期刊论文中出现的频率高于书评体裁，表明期刊论文倾向客观化的评价建构，书评体裁更期待作者的主体显性参与。Hewings & Hewings（2002）对比商学期刊论文与MBA学位论文语料库，发现MBA学生使用更多的It型从句，借此表达态度（attitude）、语气增强（emphasis）和话语声音归属（attribution），但是学习者未能充分发挥该结构的模糊语（hedging）表达功能。Peacock（2011）基于文理八个学科的期刊论文语料库，考察该结构的学科差异，发现生物、化学等理科使用该结构加载评价的频率远低于文科，法律学科使用的频率最高。Peacock（2011：90-91）认为该结构不仅迎合该领域学者评价法律程序的复杂性和必要性，而且满足学者提供充分的评价证据，增强法律观点的严谨性。

第二，评价性that从句。

在It型从句评价潜能的基础上，Hyland & Tse（2005a，2005b）发展评价功能的从句结构，提出“评价性that从句”（evaluative that），从而囊括更多的形式结构，如Results show that...和Smith believes that...等。该结构一方面通过谓语加载评价内容（情感态度或是认知判断），通过从句内容表达被评价实体（作者本人的研究结构或是他人的观点等）；另一方面，主语反映评价来源（个人或者抽象事物）。Hyland & Tse（2005a）意外发现生物学和计算机科学使用“评价性that从句”的频率高于应用语言学和管理学等人文和社会学科，这一结果有别于以往的学术语篇学科间性研究。通过进一步分析，他们发现人文、社会学科较理工学科更多地将抽象事物作为评价的主体来源。Hyland & Tse（2005b）进一步对比了硕博学位论文与期刊论文语料库，发现学习者使用“评价性that从句”结构比资深作者少约56%。通过评价维度分析，抽象事物的评价来源居两类体裁的首位，学习者选择隐藏评价来源的频率次之，而资深作者倾向选择主体介入文本，显示评价主体的自我呈现。

2.2.3 篇章结构

自从Swales(1990)提出学术英语的体裁语步分析，大量研究开始集中在分析学术语篇的语步结构上。随着研究视角和维度的深入，篇章结构分析逐渐采取“自上而下”与“自下而上”相结合的研究思想。在体裁方面，以期刊论文为主，Lin & Evans(2012)考察论文的整体结构，Jiang & Hyland(2017)、Samraj(2002)和Kwan *et al.*(2012)分别关注摘要、引言和文献综述等部分。虽然篇章结构研究以语料库为基础进行实证观察，但是在“自上而下”的结构分析方面大体上仍是以人工手动标注为主，在“自下而上”的语言特征分析方面才实现真正意义上的语料库操作。例如，Jiang & Hyland(2017)的研究基于源自文理六个学科的240篇期刊论文摘要语料库，通过逐一浏览文本，发现并标注“引言、目的、方法、结果和讨论”等五个语步(Jiang & Hyland 2017：4)，再通过AntConc对“元话语名词”的五种结构进行语料库句法检索，如名词加补足语从句。

篇章结构研究的另一特点是观察期刊论文结构布局的学科差异。Lin & Evans(2012)对433篇文理39个学科的实证研究论文进行体裁结构分析，结果显示尽管许多实证论文采用“引言、方法、结果和讨论”之类的常规结构，但是使用最多的是“引言、文献综述、方法、结果与讨论、总结”这一灵活布局。有别于Lin & Evans(2012)的全文宏观结构分析，Samraj(2002)以Swales(1990)提出的论文引言CARS模型为框架，考察了野生动物学和保护生物学在期刊论文引言结构布局的异同，发现相对于野生动物学，保护生物学更擅长于发挥语步结构的说辞效果，增加“阐释研究关键性”语步的分量，强化研究问题的现实相关性和学术必要性。Kwan *et al.*(2012)将视角定位到论文中最具评价性的结构单元，即文献综述。她们通过收集源自通信系统领域代表不同研究范式的期刊论文，建立了共80份文本的语料库，其中40份为行为科学，另外40份为设计科学，发现以行为科学研究为导向的论文侧重搭建推断(making inference)、反驳(counter-claiming)和声索(claiming relevancy)语步，从而增强以人为本系统设计的有效性和可操作性。相反，以设计科学研究为导向的论文使用最多的是反驳语步，驳斥现有通信模型的问题和不足，进而推介新产品，促进新方案的改进和创新。

通过上述文献回顾，我们可以清楚地发现，"自上而下"和"自下而上"的研究脉络贯穿基于语料库的学术英语研究，形成一个从词汇、句式到篇章结构反复循环的连续体。不过，由于语料库操作的局限性，研究多集中在下层词汇和短语层面，因而在宏观结构层面使用语料库技术的研究有待深入。

2.3 聚焦语域体裁

Hyland & Shaw(2016: 2-3)提到，学术英语突出"真实性"(authenticity)和"扎根性"(groundedness)两大特点，强调教学视角与研究焦点扎根真实、全面的各类学术活动和语域体裁的必要性。由于语料收集和操作方法的局限性，学术英语研究多围绕书面语域和研究类体裁进行。

2.3.1 语域对比

Biber(2006a, 2006b)的系列研究在学术英语语域分布特征方面无疑是具有代表性的。Biber(2006b)建立大型口笔语学术英语语料库TOEFL 2000 Spoken and Written Academic Language(T2K-SWAL) corpus，对学术英语的口笔语语域进行词汇、词块、语法结构和多维度分析等一系列的考察。T2K-SWAL语料库约270万词符，涵盖人文和自然科学领域的不同语域：口语语域包含课堂教学、小组互动、师生交谈和教务交流；笔语语域包括教材、教辅、课程大纲和学术论文。研究发现，笔语语料的形符约为口语的两倍。就个别词汇而言，get、say、think、want、see、thing明显多用于口语语域，而occur、include、control、analysis、development和action则明显多用于笔语语域。名词和动词是口笔语语域差异较大的词类，名词在笔语中出现的频率较高，而动词则在口语中出现的频率较高。通过进一步分析名词类别后，研究发现抽象名词在笔语中使用的频率较高，而具体名词在口语中使用相对较多。此外，在动词使用方面，尽管现在时和过去时在口笔语语域出现的频率并无明显差异，但是动词的被动式在笔语中出现的频率较高。在句式方面，补足语从句和状语从句在口语语域中使用频率较高，而限制性定语从句在笔语中出现频率较高。

接下来，Biber（2006b：184-210）针对学术语境将多维度分析（Multi-dimensional Analysis）框架修正为四个维度：维度一是口笔语话语；维度二是以程序或内容为导向的话语；维度三是事件重建；维度四是以教学者为中心的立场标记。结果显示，学术口语语域符合维度一的正值特征，包括文本互动性和人际参与（如第一、第二人称）、个人立场（如认知类动词、模糊语）、结构压缩（如that省略）及程序化语言（如词块）；笔语语域符合维度一的负值特征，包括信息密度与名词结构（如名物化、介词短语）、被动式。Biber认为就个人信息性强的口语体裁而言，这一结果有些出乎意料。以课堂教学为例，其本身具有信息密度大的特点，但是不具有任何负值特征。维度二下的程序化话语基本都涉及与规章制度相关的言语事件（无论口语或笔语语域），这一话语大量运用义务类情态动词、因果关系动词、条件状语从句等。相反的是以内容为导向的话语，这一话语主要涉及教材和课程材料，多由名词、形容词、动词和副词等专业词汇构成。维度三描述事件重述特征，涵盖第三人称和过去式等，主要发生在口语语域。维度四围绕学术立场的表达展开，相关的语言特征包括立场副词和立场名词等，主要出现在课堂教学、课堂管理和师生交谈等口语语域中。

除Biber（2006a，2006b）开展的规模较大的学术口笔语语域对比研究，大多数基于语料库的学术英语研究均是针对某单一语域内的体裁研究。接下来，笔者将逐一评述口笔语语域内的常见体裁。

2.3.2 口语语域

第一，课堂教学。

尽管学术英语课堂教学文献颇多，但是以语料库为研究方法的研究借助语料检索技术大体围绕提问、元话语及语用话语标记展开（综述参见Camiciottoli 2007）。

首先，针对学术英语课堂教学的问答标记，Bamford（2005）收集了经济学科内七门课程的教学录音，考察课堂教学中问答比邻对的频率与作用。一方面，她认为在师生单方面的交流中，问答环节也是建立言语互动的一种有效方式，它不仅衔接话语关联，也表达主体间的学术立场。另一方面，比邻对的特性有助于问答环节完整连贯，教师抛出问题，在诱导学生回答的同时，抓住了学生的注意力。通过搭配关系，研究还发现well和so经常与问答比邻对同时出现，语气词的运用助使师生有效地控制问答。Chang（2012）比较不同学科知识文化和话语实践对课堂提问的影响，研究提取了密歇根学术英语口语语料库（MICASE）中人文、社会科学和理工学科的小班教学录音，发现不同学科课堂提问的形式和功能表现出的共性多于差异，以wh-疑问句和反问疑问句为主要形式，问题的提出主要是确认学生对教学内容的理解以及激发学生对知识消化的反馈。

课堂教学无疑是以言语互动为基础的，所以Fortanet-Gómez（2004b）、Nesi & Basturkmen（2006）和Aguilar（2008）从不同侧面考察了课堂教学的言语互动与元话语的使用情况。Fortanet-Gómez（2004b）以MICASE为语料库，考察了we在课堂用语中的所指和功能，发现we指示的范围较广，包括教师本人、师生以及大众，排他的自称使用要少于含他的多者使用。在元话语功能方面，we的使用有助于引导学生理解课堂教学，消化学科知识，缩小师生距离感以及澄清教学内容。Nesi & Basturkmen（2006）在MICASE的基础上融入英国学术口语语料库（BASE），考察了词块在两个语料库的课堂教学体裁中发挥的元话语作用。Aguilar（2008）则较为全面地考察了专著形式中逾220分钟的工程学的四堂教学的元话语标记，发现标记语（labelling）和评注语（commentary）是使用频率最高的元话语符号。就元话语子类而言，教师运用复述（reformulation）策略较为频繁，从而体现课堂教学以清晰讲解和知识说教为主的性质。就评注语而言，评价知识肯定性与否的认知属性所占比例最大。

其次，Othman（2010）和Deroey（2014，2015）等考察了EAP课堂教学的语用话语标记。Othman（2010）以okay、right和yeah为研究对象，考察了这三个话语标记语在EAP课堂话语中的使用特点和认知假设。通过采集宏观经济学、自然地理学、环境科学和高级公司财务四门课程的12堂课堂教学录音，并转写成约40万词符的语料库，研究发现okay和right的使用特征既有升调也有降调。okay的升调使用频率高于降调，且多用于反问疑问句。通过确认学生的理解程度可以为教学进行铺垫。通常，教师运用right升调在多数情况下是认定学生领会了教学内容。yeah作为最小限度的答复语，主要用于推动教学的进展。尽管没有发现学科之间的显著差异，但是在通过访谈后发现很多教师没有意识到三个话语标记的语用功能。基于BASE语料库中多学科的课堂语料，Deroey（2014，2015）分别以“关联性标记”（如that's the message）和“重要性标记”（如the point is）考察了课堂教学中教师是如何组织教学内容，强调关键信息并将学生有效地带入课堂教学与互动中的。研究发现动词标记最多，约占标记总数的53.8%，其次是名词标记，约占36.3%（Deroey 2014）。通过进一步研究，Deroey发现侧重篇章功能的标记多于人际功能的标记，尤其是以教学内容和听众为导向的两类标记语居多，分别约占46.4%和

38.9%(Deroey 2015)。因此，Deroey认为在EAP课堂教学中知识传播和理解引导是第一位的，教师投入的话语标记多于表达评价和态度的语言资源。

相对于国外EAP课堂教学的语料库研究，国内学者更多地探讨中小学英语课堂的教师用语，且通常采用二语习得和教师发展的理论进行解读。例如，何安平(2003)参照Bloom(1956)的认知发展类型理论，调查和分析了17余万词次英语课堂教学语料库中教师话语的部分语言特征(指令动词、疑问语式、"四字语"和师生对话模式)，目的在于探讨国内高中、初中和小学英语课教师话语中的认知思维导向特点及其教育教学功能。张会平、刘永兵(2010)基于中外教师课堂用语语料库，对课堂话语标记语的使用频次进行了显著性检验，并采用定性对比方法分析出现显著性差异的原因。研究结果表明，中学英语教师标记语总体使用的多样性、准确性及恰当性等方面与国外教师有着显著的差距。该研究为中国中学英语教师提供了自我纠正的参照，有利于英语教师快速查找口语表达中的不足并对其专业发展提供启示性建议。相比之下，国外相关研究多是基于话语分析、语用学、交际学等方面的理论，而国内更大程度上是出于以教学与教师为导向的需要和考虑。

第二，学术讲座。

Weissberg(1993)较早地指出学术讲座是学术英语中一个很重要的体裁。它不单是口语事件，还是形似研究论文的独立交际体裁。不过，有别于课堂教学，学术讲座的语料库研究为数不多，原因之一是目前缺少已建成供公开使用的学术讲座语料库(Aguilar 2016)。Basturkmen(1999)的项目是为数不多的此类研究之一。在自建约三万词符MBA学术讲座语料库的基础上，她发现学术讲座通常使用wh-特殊疑问句发起讨论，而反义疑问句常用来确认听众参与度。此外，Basturkmen(1999)还发现引语(preface)在学术讲座中出现的频率非常高，其功能在于"表达对先前言语的判断，并提示读者注意后续言语的内容"(Basturkmen 1999：72)。

第三，学位答辩。

或许出于相同的原因，除部分会话分析（如Don & Izadi 2011）外，学位答辩的语料库研究尚且不多。Recski（2005）收集了生命科学和社会科学的两场博士答辩录音，转写后建成约两万词符的小型语料库。在此语料库的基础上，他考察了“肯定性情态表达”（modal certainty）的语言形式和修辞功能及其应用缘由。在词汇层面，他发现will、would、can、should依次是频率最高的情态动词；exactly、indeed、actually、obviously依次是频率最高的情态副词；I think、I tried、it seems、tend to是频率最高的动词形式；all、many、a couple of、a lot of是频率较高的数量表达形式；if条件状语从句也常用来表达肯定性情态。最后，Recski认为，肯定性情态表达关系到答辩者的话语身份，对话语观点的肯定性程度以及答辩过程实现说服、劝谏的效果目的。Damiano-Nittoli（2016）则以模糊语为焦点，对比了以英语为母语和非母语博士生的答辩话语语料库，发现非母语博士生使用模糊语的频率低于母语博士，而有意思的是非母语答辩评委使用模糊语的频率远高于母语答辩委员。因此，Daminano-Nittoli（2016）认为，模糊语的使用差别并非直接与文化和二语习得因素相关，而是与答辩语境中答辩者与评委之间的话语距离有关，而且也会受特定教育文化情境的影响。

2.3.3 笔语语域

学术英语的笔语语域语料库研究大体分为研究类体裁和教学类体裁两类。语料主要包括期刊论文、学位论文、教材、课件以及海报等。

第一，期刊论文。

如前所述，大量语料库研究围绕期刊论文展开，涉及一系列话题，如篇章结构和语步分析（如 Lin & Evans 2012；Swales 1990；韩萍、贺宏 2012；杨瑞英 2006）、词汇和句式分析（如Biber & Gray 2010a，2010b；Hyland & Tse 2005a；Vande Kopple 1992；鞠玉梅 2016；杨信彰 2006b）、

对比学科差异（如Kwan *et al.* 2012；Samraj 2002；姜峰 2015a；杨林秀 2008）和比较L1和L2作者的语篇（如Cao & Xiao 2013；Dahl 2004；李梦骁、刘永兵 2016；庞继贤、陈珺 2015）。

第二，学位论文。

学位论文也是学术英语语料库的研究热点之一，该体裁与教学直接的相关性或许是重要原因。回顾文献，我们可以大体总结出三个研究关注点，即探讨学位论文的结构（如Bunton 2005；Hyland 2004c；姜亚军、赵明炜 2008；孙迎晖 2010）、引文策略（如Thompson 2005；马蓉、秦晓晴 2014）和修辞语言特征（如Bunton 1999；Hyland 2004b；孙莉 2015）。

首先，就学位论文的结构而言，Bunton（2005）考察了45篇博士论文语料库，发现博士论文结论部分在结构上通常包括总结结果、论述结果、提出结论、应用启示和研究建议。通过对论述结果的进一步研究，Bunton发现文科论文主要就事论事地讨论具体的研究结果和发现，而理工论文则强调从更广泛的学科领域讨论具体发现。在学位论文结尾部分，文科论文关注研究建议，而理工论文更在意应用启示。孙迎晖（2010）以国内应用语言学方向100篇硕士论文为语料，探讨了中国硕士论文前言部分的结构特征，发现中国学生在文章总体结构上与英语本族语作者基本一致，但在具体语步的选择上仍存在差异。无论是在"确立研究领域"还是在"占据研究地位"等方面，中国学生都能够以研究者的身份积极建立适合自己的研究课题，确立科学的分析视角，构建合理的结构框架。但由于过分受"学习者"身份和中国传统文化的影响，他们在"设置合适的研究地位"时缺乏竞争意识和挑战性。

其次，Thompson（2005）收集并建立了源自农业科学八篇博士论文的小型语料库，考察了学位论文的引文策略，发现引言部分引文频率最高，其次是讨论部分。此外，在"文献来源"（source）、"文献参考"（reference）、"理论建构"（origin）和"研究认定"（identification）的引文四个作用（Thompson 2005：312）中，引言部分的大量引文主要用于归属文献来源，而讨论部分的引文则相对而言起到认定相同领域前期相关研究的功能。马蓉、秦晓晴(2014)以十篇硕士论文为语料，探讨了中国学生引用话语文本的借用策略，发现文本借用策略的使用类型共有五种，且使用频率由多到少为概括、释义、复制、翻译和直接引用；文本借用策略在论文正文四个部分均有出现，且出现频率由多到少为文献综述、讨论、研究方法和研究结果。其中，复制策略的使用频率在文献综述中最高。

最后，在微观语言特征方面，Bunton(1999)基于自建的60万词符博士论文语料库，考察了论文作者如何通过篇章元话语衔接语篇建构信息连贯性。Hyland(2004b)探讨学位论文作者如何使用互动元话语表达立场并带入读者共同构建语篇。上述研究体现了博士论文作者考虑到学位论文篇幅较长，有意识地加载语篇理解的元话语引导，尤其是章节之间的衔接(Bunton 1999)。同样，论文作者能够围绕学科知识与认知特点保守地表达态度判断，结合不同的读者群通过修辞策略把读者带入文本，共同参与话语的建构。基于相同的元话语框架，孙莉(2015)在40篇中国英语专业硕士学位论文语料库中发现，中国硕士作者通过元话语资源建构的语用身份从多到少的顺序均为陈述者、组织者、评价者和对话者。

第三，教材。

教材是学术英语语料库研究方面重要的教学类体裁，它讲解学科事实知识，清晰呈现知识体系，在与学生日常反复接触的过程中产生了极大的教学影响(Parodi 2014)。国外研究倾向探究教材中的语言特征，挖掘该体裁如何在话语层面构建学科知识。例如，Moore(2002)借助韩礼德提出的功能语言学“元现象”(metaphenomenon)，围绕施事行为参与者和过程，考察了社会学、物理学和经济学教材的学科知识呈现方式，发现社会学教材因为蕴含较多的话语过程所以表现出更多的元现象，而经济学则更多地呈现施事者从而减少教材语篇内元现象的表征。Bondi(2012)基于较大规模的35万文本多学科教材语料库，分析了教材体裁的立场标记与知识评价，发现教材内立场标记总量低于学术期刊论文，且教材在构建评价与立场时比期刊论文更善于使用副词形式(如importantly、significantly)。相对于国外研究善于关注教材本体的语言特征，国内研究多是从教育教学的角度出发，讨论语料库是如何辅助教材编写以及进行教学资源评价的(梁红梅、何安平 2012)。

通过本小节的回顾，我们看到学术英语语料库研究多涉及笔语语域。口语语域的挖掘有待加强，比如会议报告和导师学业指导等。而就笔语语域而言，目前研究基本上仍是围绕传统的研究与教学体裁展开，如期刊论文、学位论文和教材等，而某些“闭塞(occluded)体裁”(Swales 2004)则有待开发和深入挖掘，如审稿意见、个人陈述和课题申请书等。因此，笔者在回顾学术英语语料库的语域和体裁过程中试图为读者勾画出当前研究的聚焦点并为今后的研究提供借鉴和参考。

第三章 学术英语语料库研究：拓展与应用

通过前一章的研究评述，我们看到学术英语语料库研究主要围绕语言的形式和功能，探究语篇的交际目的和修辞资源，并挖掘实现交际目的和修辞功能的语言形式。然而，随着学术语境和英语语言本体的变化，相关研究在语料特征和研究视角方面一直进行着拓展，从而实现语料库在学术英语研究中更广泛的应用。

3.1 综览共时与历时

学术英语语料库研究的着眼点有两处：一是分析学术话语的本体语言特征；二是为学术英语教学提供信息和资源反馈（Flowerdew 2013a）。因此，最直接的关注点无疑是共时研究。由前文章节可见，通过对比学术话语的学科间性（Charles 2007；Hyland 2004a；Peacock 2011；姜峰 2016；杨林秀 2008；张继东、陈晓曦 2016）、身份构建（Cortes 2004；Hyland 2012c；鞠玉梅 2016；孙莉 2015；徐宏亮 2007）、体裁差异（Flowerdew & Forest 2015；Groom 2005；韩萍、贺宏 2012；孙迎晖 2010）以及语域分布（Biber 2006a，2006b；桂诗春 2009）等，我们可以了解学术英语语言特点的本质，进而据此设置课程，设计教学和课堂活动。

尽管Bazerman (1988) 以新修辞学和科学知识社会学视角论及学术期刊论文语言特征的历时变化，学术英语语料库的历时研究仍显不足。目前仅有Biber & Gray (2011b，2016)、Atkinson (1996，1999)、Irma Taavitsainen和Päivi Pahta牵头开展的“医学英语写作及科学思想演变”(Scientific Thought-styles: The Evolution of English Medical Writing) 项目[1]和西班牙拉科鲁尼亚大学开展的“拉科鲁尼亚英文科学写作语料库”(The Coruña Corpus of English Scientific Writing) 项目[2]。

Biber & Gray (2011b) 选取1965年、1985年至2005年医学、教育学、心理学和历史学的429篇期刊论文建设了历时语料库，此后Biber & Gray (2016) 又填补了18世纪和19世纪的学术文本。经过对比学术书面语语篇与口语语域及其他书面语体，Biber & Gray (2011b，2016) 发现，伴随着语体特征和语法结构倾向的历时演变，学术书面英语逐渐演变成紧凑且短语化的语法结构，在语义表达上也变得愈加模糊。此外，在文理学科语篇差异方面，他们还发现人文类学术文本偏向结构扩展，但是在近一个多世纪时间内语体风格变化较小；理工类文本变化较大，向结构紧凑的语法特征发展。他们的历时发现驳斥了对于学术语篇的常规认识。传统观点认为学术语篇结构宽松，语义表达明晰 (Biber & Gray 2016：13-27)。

Atkinson (1996，1999) 基于Biber (1995) 多维度分析考察了17世纪至20世纪的科学写作文本，发现维度一、维度二和维度四的负值降低，可见文本信息密度增加，叙事性表现减弱，明示劝说程度缩减；维度三和维度五的正值增加，可见文本同时具有明晰指示和不断增强抽象表征的功能。

“医学英语写作及科学思想演变”项目考察了中世纪及早期医学学术文本的语言特征历时变化 (1375年至1800年)。选取的语料库包括中世纪

1 http://www.helsinki.fi/en/researchgroups/varieng/scientific-thought-styles-the-evolution-of-english-medical-writing/ (2018年3月读取)

2 http://www.udc.es/grupos/muste/ (2018年3月读取)

英语医学文本语料库（Middle English Medical Texts，简称MEMT）、现代早期英语医学文本语料库（Early Modern English Medical Texts，简称EMEMT）和现代晚期英语医学文本语料库（Late Modern English Medical Texts，简称LMEMT）。这些语料库分别覆盖了1375年至1500年、1500年至1700年和1700年至1800年的语篇。该项目的代表性成果集中收录在Taavitsainen & Pahta（2010，2011）的著作中。Taavitsainen & Pahta（2011）认为，随着17世纪中叶皇家学会（Royal Society）的建立，医学领域的知识传播得到机构运作的影响，同时*Philosophical Transactions of the Royal Society*的创刊更为医学论文的写作提供了规范性模板。而这些学科的历史事件意义深远，影响了当今的医学写作和期刊体裁规范。但是，在传播媒介和社会文化等多方因素的作用下，历史的影响犹在，但也产生了新的变化。糅杂的学科、人文、历史和社会文化元素推动着医学英语学术语篇的演变（Taavitsainen & Pahta 2010）。这些科学文化与学科共同体的变化既体现在微观的个别语言选择上，如认知动词、定义语言、立场标记词（Taavitsainen & Pahta 2011），又反映在宏观的篇章结构与论辩修辞上，如语步结构置换、语用策略、拉丁语和英语的语码转换（Taavitsainen & Pahta 2010）。通过考察横跨近五个世纪的医学英语语篇的历时变化，研究发现“科学思想的嬗变离不开语言使用的调节作用”，而“语言特征的变化映衬着语言外界因素的改变”（Taavitsainen & Pahta 2011：2）。

西班牙拉科鲁尼亚大学开展的“拉科鲁尼亚英文科学写作语料库”项目旨在研究18世纪至20世纪（1700年至1900年）的科学文本语言特征的历时演变。总项目由六个子项目（子语料库）组成，按建库时间顺序先后有：2012年完成的天文学英语文本语料库（Corpus of English Texts on Astronomy，简称CETA），2016年完成的哲学英语文本语料库（Corpus of English Philosophy Texts，简称CEPhiT）；目前正在进行中的历史英语文本语料库（Corpus of History English Texts，简称CHET）和化学英语文本语料库（Corpus of English Chemistry Texts，简称CECheT）；

即将开展的生命科学英语文本语料库(Corpus of English Life Sciences Texts，简称CELiST)和语言学英语文本语料库(Corpus of English Texts on Language，简称CETeL)。

现已完成的天文学英语文本语料库和哲学英语文本语料库项目的代表性成果发表在Moskowich & Crespo(2012)和Moskowich *et al.*(2016)的著作中。该项目组在论述学术语篇语言本体历时变化时都是从介绍学科知识论与认识论的演变开始的。譬如，Moskowich & Crespo(2012：19-30)在开篇处阐释道，天文学最初是贵族绅士的兴趣爱好活动，进而演变成科学家的系统研究和科学探索，后经发展逐渐波及天文爱好者等大众读者。天文学科学活动与读者群的改变影响了从词源、语法结构到语用策略等一系列学术文本语言使用和修辞手法的变化，如立场标记、语气加强词和模糊语、谓语结构和主述位布局等(详见Moskowich & Crespo 2012)。同时，课题组发现了哲学英语学术文本在体裁归类、语步结构、主被动句式、模糊语以及因果关系句等一系列语言特征的历时变化(详见Moskowich *et al.* 2016)。

在学术英语语料库历时研究方面，另一个值得挖掘的是对学生学术英语语言能力的历时跟踪研究。比较常见的是对比不同年级(如Aull & Lancaster 2014)或者本、硕、博学习阶段(如潘璠 2012)学生的学术英语语言能力。由于历时跟踪的系统观察不多，笔者在此介绍两例新近的研究。2016年Crosthwaite、2017年Crosthwaite和Jiang跟踪中国香港大学学术英语课程一学期内学生学术英语能力的变化，他们收集了学生在课前、课中和课后三个阶段的学术文本，共计约21万词符，并先后对三个阶段的学生文本进行了基于语料库的多维度分析(Crosthwaite 2016)和立场标记研究(Crosthwaite & Jiang 2017)。研究发现学生经过短短一学期学术英语课程的培训，有效地减少了之前使用过多的第一人称和无意义的篇章衔接词，学生在名物化和严谨的立场标记等略高级别学术语用能力方面均有所提高(Crosthwaite 2016)。学术英语课程的有效性还反映在学生在不同阶段产出的文本中缩减语气加强词的使用上，这使得立场判断和观点表达更合理和更有说服力。此外，学生自称语的使用也明显地减少，从中学阶段自我抒发的写作风格转向冷静的、崇尚用数据说话的学术话语方式（Crosthwaite & Jiang 2017）。

通过本小节的文献回顾，我们看到学术英语语料库研究目前多集中在跨学科、跨人群、跨体裁的共时研究上，对学术语篇语体特征的历时变化研究不多，未能揭示语篇作者是如何适应读者及话语共同体、学科认知以及是如何随社会文化等情境的变迁而改变学术写作的语言表现和劝谏修辞方式的。例如，Hyland（2004b）和张继东、陈晓曦（2016）基于2000年后的学术论文，发现人文与社会学科比科学理工类学科具有更多的立场标记和人际互动，体现不同学科作者劝谏修辞和知识建构的差异。然而我们尚不能明确，随着两类学科的读者群和知识建构的历时变化，这种人际建构和语体特征会呈现何种变化趋势。

尽管Hundt & Mair（1999）认为学术语篇是相对稳定的体裁和话语规约，但是研究发现其语体特征也在悄然发生演变，例如老套的被动句式在逐渐减少（Moskowich *et al.* 2016），更加模糊含蓄的语法结构使用更多（Biber & Gray 2016）。以往对于学术语篇的历时考察通常仅关注单一学科或仅停留在20世纪，如Atkinson（1999）和Taavitsainen & Pahta（2011）的研究。因此，我们有必要更多和更全面地考察学术语篇语言特征的历时动态发展趋势，通过语言轨迹更好地探讨社会文化等情境变化带来的影响以及相应的学术写作教学启示。

3.2 英语通用语视角下的学术英语研究

随着高等教育国际化的加深和学术成果发表国际化的拓展，英语作为一种沟通语言在越来越多的学术交流和场合里为不同母语背景的人群所使用。与其他语境一样，英语在学术交流中作为一种有效的接触性语言，能够促进不同母语背景人群、不同文化人群之间的互相沟通。同样，在很多其他领域，英语非本族语使用者也远远超过了本族语者，这表明英语不是学术交流群体的第一语言，而是第二或者附加语言。Mauranen（2003）认为，英语作为学术通用语的交际话语存在三个特点：一是学术交流，涉及全球与本地的学术对话；二是多元文化，涉及跨文化的互动；三是国际范畴，对国际界限没有清晰、明确的限定。这三个特征也使得英语作为学术通用语的研究有别于其他范畴的英语通用语研究。

通常，英语作为通用语研究的理念可以简单地概括为：研究者并不认为英语使用者为非本族语人群的表现异于本族语者，非标准的语言使用也并不是一个偏误和问题，而是将其视为可接受的语言变体，因为它们并没有导致实质性的交流障碍和理解误会（Mauranen 2012；文秋芳 2014）。相关研究围绕语言形式、语言所表达的内容、语言内容的组织形式（文秋芳 2014），关注英语通用语使用者如何使用信息补全、排疑、反馈、类比等各种不同的语言特征及策略，不断调整交际信息，协同构建意义，最终达到互相理解，顺利完成交际任务的目的。此类研究没有明显的价值判断，更多是从完成交际功能出发，描述英语通用语语言体系的规律性和变异性。Mauranen（2012：15-57）将英语通用语研究视角概括为三个层面：个体认知层面（individual cognitive level）、微观社会层面（microsocial level）和宏观社会层面（macrosocial level），分别聚焦参与者个体、话语事件和话语共同体。在英语通用语的交际语境中，参与者在会话中的互动反映其对语言和社会范畴的个体认知过程，话语事件构成参与者之间最直接的社会环境，嵌置于一定的社会文化和经济关系中，并建构和重塑社会结构。

传统上，该类研究倾向于使用学习者的诱发数据，直到20世纪末英语通用语语料库相继建立，才转向通过收集大量的不同母语者的英语语料，对英语通用语作出系统、完整的描述，揭示其共核特征。目前较具代表性的英语作为通用语的语料库包括维也纳–牛津国际英语语料库（Vienna-Oxford International Corpus of English，简称VOICE）、国际跨语言中介语语料库（International Corpus of Crosslinguistic Interlanguage，简称ICCI）、亚洲英语学习者国际语料库（International Corpus Network of Asian Learners of English，简称ICNALE）和亚洲英语语料库（Asian Corpus of English，简称ACE）。这些语料库涉及广泛的职业、教学和日常生活语境，且均为口语语料。

就英语作为学术通用语而言，其研究始于20世纪末英语作为学术通用语（English as a Lingua Franca in Academic settings，简称ELFA）语料库的建立（Mauranen *et al.* 2016）。根据Mauranen（2003），为了满足学术语境下通用语的理论建设、分析研究和实践应用的需要，芬兰坦佩雷大学（University of Tampere）建立了英语作为学术通用语语料库。ELFA语料库约计100万词符，约有131小时的对话录音，是学术英语通用语领域目前规模最大、使用最广的建成语料库。语料来源于坦佩雷大学、坦佩雷理工大学的国际学位项目和其他学术活动以及各类学术会议的录音转写。这些录音语料均涉及芬兰学生与国际学生的纯英语交流，而且国际学生范围涉及较广，约有来自51个国家分属不同一语背景的650位话语者，且第一语言涵盖日耳曼语族的德语、丹麦语、荷兰语和瑞典语，罗曼语族的法语、意大利语、葡萄牙语和罗马尼亚语，斯拉夫语族的波兰语、俄语和保加利亚语，波罗的语族的立陶宛语，库希特语族的索马里语，大西洋–刚果语族的阿肯语和斯瓦希里语，芬兰–乌戈尔语族的芬兰语，闪语族的阿拉伯语，印度语族的乌尔都语和汉藏语系的汉语。英语为本族语的情况仅占5%。

学科选择考虑到领域范围、学科专业和分支方向三方面因素。就领域范围而言，ELFA语料库主要包括社会科学（29%）、计算科学（19%）、人文科学（17%）、自然科学（13%）、医学（10%）、行为科学（7%）以及经济管理学科（5%）七个领域。每个领域下又涵盖多个学科专业，比如人文科学包括历史学、哲学等，而每个学科又包括诸多方向，比如历史学包括芬兰历史、美国历史等。

同时，建立原则反映学术通用语视域下国际学术交流的复杂社会因素，涉及各个不同的研究领域，涵盖学术语境下广泛的话语事件体裁，比如博士论文答辩、学术研讨、小组讨论、会议报告以及课堂教学，覆盖两人及多人之间的对话情境。根据典型性（prototypicality）、影响力（influence）和声望（prestige），ELFA语料库对体裁进行了选取（Mauranen 2003：522）。典型性是指体裁为大多数所选学科使用的程度，例如课堂话语和研讨会通常是每个学科都会涉猎的话语事件；影响力是指体裁中参与群体的覆盖面，例如口试和论文答辩是绝大多数学生都会参与的话语事件；重要性是指体裁在话语共同体中的地位，例如主旨发言和会议开幕词都是学术话语共同体看重的话语事件。

相关研究主要围绕通用语的各种非标准语言特征，发现其出现的频率与规律。比如Ranta（2006）基于ELFA语料库对动词进行时的使用进行调查，通过与MICASE对比，发现英语非母语者使用动词进行时的频率远低于本族语者，即ELFA语料库中含有动词进行时的标准频率约为每万词41例，而在MICASE中的标准频率约为每万词76例。相比MICASE，ELFA语料库中进行时的分布更加广泛，且形式多样。ELFA语料库中77%的进行时前面伴有be的完全形式。而这在MICASE中却仅有42%，其余58%是be的缩略形式。此外，另一个重要的发现是，ELFA语料库中存在三类非标准的进行时使用。第一类是静态动词（stative verb），包括感知动词（如see、feel）、情感动词（如like、hate）和关系动词（如belong to、consist of）。这类动词在ELFA语料库的进行时中占3.6%，而在MICASE中仅占1.4%。第二类是描述普遍效力（general validity）或者习惯行为（habitual activity）的动词，如breathe、occur等。这类动词占ELFA语料库的进行时比例达到5.6%，而在MICASE中仅占0.5 %。第三类是表达时间节点的进行时，如was starting和was being put up等，这类情形在ELFA语料库中占2.7 %，而在MICASE中几乎不存在。Ranta (2006: 97) 认为二语习得理论视上述情形为非适用语境的“延伸使用” (extended use)，并将其界定为是语言使用的不良问题，但是她强调，在ELFA语料库中我们没有观察到明显的沟通误解与交流不畅，话语双方的对话没有受到任何阻碍。因此Ranta (2006: 114) 质疑为何要将广泛的二语学习者普遍使用的语言现象定义为错误的语言问题。

同样，基于ELFA语料库和MICASE，Metsä-Ketelä (2006) 关注了模糊语more or less的使用，因为模糊语关系到二语使用者的语用能力以及英语为母语的使用者对非母语者的认知评价。研究发现，more or less在ELFA语料库中平均每万词出现约1.58次，而在MICASE中每万词仅出现约0.2次。因此，该模糊语在二语会话者交际中更为常见。此外，在功能上，在ELFA语料库中more or less通常用于调节话语强度和信息肯定性。具体而言，more or less主要发挥“降低”(minimizing)、“类同”(comparing similarities) 和“近似”(approximating quantities) 三方面的功能。然而，Metsä-Ketelä (2006: 140) 发现，第一个功能仅出现在ELFA语料库中。可见，在通用语语境中模糊语常常用来降低话语所及范围和论述主题规模，尽管这一功能脱离标准的功能表达，但是并没有产生交际误解。因此她认为，通用语交际会产生新颖的意义表达方式，但是这种交际关键在相互合作与理解意愿，这样非标准的语言使用不会导致交际不畅。

与Ranta (2006) 和Metsä-Ketelä (2006) 不同，Mauranen (2006) 考察了学术通用语交际中误解发生的特征以及处理方法。首先，通过考察和识别标示误解的语言特征，她发现提出问题和重复难解词汇是直接标示误解的方式，而寻求澄清是间接的方式。同时，她认为遏制误解也是误解的体现方式，具体包括信息确认、双方提前修改和说话者自我修改等。虽然这些策略在误解产生之前发生，但是它们也表现了交际中存在的潜在误解。对比上述策略在ELFA语料库和MICASE中的频率，Mauranen

(2006：146)发现在ELFA语料库中误解出现的频率远低于MICASE，但是遏制误解的频率在通用语交际中较高，这表明通用语语境中交际双方更能够理解彼此沟通的需求。另一个有意思的发现是，虽然是英语非母语者之间的交流，但是却没有发现说话双方在沟通中的语法纠正。不过，Mauranen(2006)发现，在ELFA语料库中，说话者的自我修改有时是对语法结构进行重述，相比之下在MICASE中，说话者自我修改是对复杂句意的复述而非句式的调整。最后，Mauranen(2006：147)认为，在英语作为学术通用语的交际中，交流者表现出极强的获得理解的意愿，通过遏制误解等策略以保证交际的顺利进行。此外，基于ELFA语料库，Mauranen(2010)还发现英语非母语交际者频繁使用所谓“表达话语之话语”的自反话语(reflexive discourse)(比如One thing I wanted to ask you…)。她认为自反话语的使用能促进学术表达和理解的成功，在复杂的多方交互中确保信息的顺畅交流，有助于更加清晰、准确的交际表达。

Mauranen *et al.*(2016：44-45)总结了英语作为学术通用语和学术用途英语的两大区别：一是学术用途英语常常把重点放在本族语的交际环境中，而学术英语通用语则强调参与者大多是英语非母语者的交际环境；二是学术用途英语传统上关注书面语言，而学术英语通用语则是初始于口语会话。但是，为了更全面地了解和考察学术英语通用语，Anna Mauranen于2011年末带领其团队对ELFA语料库进行了重要的补充，建立了学术书面通用英语(Written English as a Lingua Franca in Academic settings，简称WrELFA)语料库。该书面语语料库共计约155万词符，主要包含三个部分：博士论文评审报告(约40万词)、学术博客与评论(约40万词)和学术期刊论文投稿(约75万词)。文本均是原稿，没有经过本族语者的校对和语言修正。该语料库网页显示，学科类型大致分为自然及生命科学与社会及人文科学，前者约占55%，后者约占45%。文本作者分别拥有35个不同的一语背景，包括芬兰语、捷克语、英语、法语、西班牙语、意大利语、瑞典语、汉语和俄语等。与ELFA语料库不同的是，

WrELFA语料库还考虑到作者的学术地位，其中青年学者占42%，成熟学者占30%，研究型学生占11%，其余17%为各学术领域学者。

然而，相对于学术口语通用英语而言，基于WrELFA语料库进行的英语作为笔语通用语的研究虽尚有不足。Ray Carey是其中比较有代表性的研究者。Carey（2013）关注谋篇词块（formulaic organising chunk）在WrELFA语料库中的使用，对比其在WrELFA语料库、ELFA语料库和MICASE中出现的频率和特点，认为谋篇词块在话语和交流中起到重要的协调布局作用。谋篇词块一方面构建交际互动（例如in my view、so to speak），另一方面贯连文本脉络（例如on the other hand、at the same time）。她发现，as the matter of fact与from my point of view、on the other hand与at the same time以及in my view分别是非通用语语料库中较为显著的5词、4词和3词词块。然而就构建交际互动类词块而言，相比ELFA语料库，WrELFA语料库中from my point of view较少，in my view较为频繁。此外，作者还发现在WrELFA语料库中没有出现某些标准词块的近似表达（如in/on my point of view），但是存在特定的近似词块（如in my view point、to my view、in my eyes、in my feeling等）。在连贯文本脉络的词块方面，WrELFA语料库中出现了at the same time的近似表达，如at the same moment和at same time，而这些近似词块在ELFA语料库中却极少出现。同样，WrELFA语料库中也出现较多on the one side的近似词块，如on one hand、on the one hand和on a side。因此，Carey认为，在以英语作为书面通用语的交际中，尽管词块的实际结构形式并非标准使用，但是却发挥着相同的谋篇功能，这和标准形式一样，能够促进话语交际与信息交流的有效开展。

Rowley-Jolivet（2017）以WrELFA语料库学术期刊论文投稿（SciELF）子库为语料，调查学术书面通用英语中使能动词（enabling verb）的使用。她以allow、enable和permit为切入词汇，以“allow/enable/permit + 名词短语 + 不定式”为索引结构。研究在SciELF语料库中共发现271例使能动词，其中117例是非标准的使用形式，约占43%。非标准形式主要包括两大类：一是在使能动词和不定式之间缺少名词短语（如This analysis allows to understand the communication strategies.），二是使用动名词而非不定式（如This linkage has enabled establishing bridges.）。虽然非标准形式的使用表现出学科间差异（理工科学多于人文及社会科学），但是更值得注意的是其表现出的一语类别差异。Rowley-Jolivet（2017）发现母语为葡萄牙语、意大利语、俄语和西班牙语的作者使用非标准形式的频率最高，平均约占20%，而瑞典语和汉语作者使用非标准形式的频率最低（0例）。但是她认为，相比英语作为学术口语通用语而言，上述非标准的使用在学术书面通用英语语境中表现出有碍信息交流的迹象。

除了考察ELFA语料库之外，还有部分研究是基于自建的小型学术英语通用语语料库的。例如，Björkman（2013）关注瑞典高等教育中的特色英语授课。研究者收集了该国某一所科技大学的英语授课及小组讨论的录音，采用"大面语料宽化"（extensive）和"局部语料深入"（intensive）的两个分析阶段，旨在在量化与质化平衡的基础上研究语言形式与话语功能，考察英语作为非本族语的调查对象使用英语的形态句法特征以及相关的语用策略。研究者在第一阶段共收集42小时44分钟的课堂录音以及28小时41分钟的小组讨论录音，共约50.2万词符。这21个英语课堂共由14位教师授课，24个小组讨论来自7个不同的课程，共涉及48位参与者，语料涵盖阿拉伯语、孟加拉语、加泰罗尼亚语、汉语、英语、芬兰语、法语、德语、希腊语、冰岛语、意大利语、波斯语、旁遮普语、俄语、索马里语、西班牙语、瑞典语、土耳其语和乌兹别克语等19个语种。在第一阶段的基础上，Björkman在第二阶段深入分析共计4.6万词符的4个课堂和4个小组讨论的录音，通过结合面和点的量化与质化分析，旨在考察以下五个研究问题：(1) 在上述学术英语通用语语料中是否存在共核形态句法特征？(2) 如果存在的话，哪些共核特征与文献报告中的一致？(3) 哪类形态句法特征的非标准使用导致明显的交流不畅和信息误解？

(4) 文献指出的哪一类英语通用语语用策略在语料中有体现？(5) 交际者认为哪类形态句法特征具有负面作用？

相对于英语作为学术口语通用语而言，英语作为学术书面通用语的研究略显不足，并且目前学术语篇和论文发表的相关研究在很大程度上都是以本族语者的文本为语料。但是，当前一个不争的事实是，越来越多的英语非母语者参与到了国际学术发表中，而且扮演着越来越重要的角色。对英语作为非本族语学术群体语言而言，该群体面临着语言能力和学术内容的双重要求，但是研究表明他(她)们在一定程度上可以自如应对一语和二语之间的转换，表现出对研究领域、学术文化和职业发展等语境因素的主观认识(Mauranen *et al.* 2016)。与此同时，学术发表的读者对象也是由越来越多的英语非母语人群构成。因此，学术语篇和话语实践在语言、文化和背景等方面的界限不再泾渭分明。我们需要更多地开展关于学术英语书面通用语的实证研究，从而更好地展示上述发展的变革和表现。

3.3 学术英语词典研编

词典编纂在语言研究和教学中发挥着重要的作用，不仅为教学提供参考，提高课堂教学的针对性，而且能提高学生对词汇用法和特殊义项的掌握能力。就学术英语而言，它包含相当数量的常用词汇(Coxhead 2000; Gardner & Davies 2014)，介于通用词和准术语之间。这些词数目众多，使用频率高，使用场景广，且义项丰富。许家金(2017)发现这些词语的专门用途义项在通用词典中往往位于非常靠后的位置，在简明词典中甚至不出现。因此，学术英语的研究与教学需要学术用途英语词典。然而，相对于市面上常见的三类词典(英语本族语者词典、学习者词典和科技词典)，学术英语词典数量不足。*The Louvain EAP Dictionary*(《鲁汶学术英语词典》)(Granger & Paquot 2010)和*Oxford Learner's Dictionary of*

Academic English(《牛津学术英语词典》)(Lea *et al.* 2014)是目前两部规模较大的学术英语词典。

学术用途英语词典的研编应突出"功能性"(Tarp 2009)。词典编纂要满足特定使用者在特殊社会语境中的语言使用(Tarp 2009: 25)。因此,*The Louvain EAP Dictionary*主要以BNC学术语域、多学科学术论文以及作者母语背景多元化的学术文本为语料,适应使用者对于学科覆盖和学术英语通用语的使用需求。*Oxford Learner's Dictionary of Academic English*考虑使用者学业学习的目标,将语料定位于教材和权威期刊论文,平衡学生学习的阅读材料与研究类型的专业写作,同时涵盖广泛的学科范围。Kosem(2010)强调语料库规模和语料语域均衡性在学术英语词典编纂中的重要性。这一方面能保证语料库驱动的词汇分析;另一方面能够产出具有语域针对性的义项、搭配和型式,满足特定学生的需求。

Granger & Paquot(2010)认为,*The Louvain EAP Dictionary*主要是基于900个常用学术英语词汇和短语的分析,由于其语料在学科和参与者母语背景的宽度上具有较强的适应性(customizability),因此可以满足使用者对于学科覆盖和母语背景范围的需求。同时*The Louvain EAP Dictionary*查询模式的多样式设计不仅可以实现从词形到词义的访问(from lexeme to meaning),成为以形索义式词典(semasiological dictionary),而且还能实现从词义到词形的查询(from meaning/concept to lexeme),成为以义索形式词典(onomasiological dictionary)。此外,该词典还可用作半双语词典(semi-bilingual dictionary),使用者可以根据自己的母语背景选择词义翻译。可见,*The Louvain EAP Dictionary*在研编和设计上都遵循"功能性"的原则。

Lea *et al.*(2014)在谈论*Oxford Learner's Dictionary of Academic English*的编纂时,认为学术英语词典的研编至少会涉及四个方面的困难:一是作为词典基础的语料库的选材、搜集与建设;二是词目列表的确定;三是协调义项描述语言的学术性与教学的需求;四是甄选义项和用法例句。该词典基于8,500万词符自建学术英语语料库，涵盖学生在高等教育学业学习中涉及的阅读材料与写作体裁，其中以教材为代表的阅读材料约为4,200万词符，占近50%，而写作体裁囊括期刊论文、学术专著和手册，代表了学术写作专家学者的语言使用特点。此外，语料学科涵盖范围也较广，包括人文科学、社会科学、自然科学和生命科学，用以呈现学术通用词汇在不同学科的词义分歧（Hyland & Tse 2007）。该词典的词目列表取自Coxhead（2000）的论文"A new academic word list"以及上述自建语料库。但是为了实现最佳适应性，Lea *et al.*（2014）还考虑将词义定义语言、搭配词、同义词和反义词等附加词设置为词典的词目，以便学生能更好地掌握通用学术英语词汇。在选取例句时，Lea *et al.*（2014）考虑到语料库索引原文存在复杂度高的专业词汇、较长的句式结构和晦涩的句意，因此对索引原句进行句式调整和替换改写，并设置为词目例句，但是最大程度上保留了原句的学术语言风格。

Kosem（2010）认为，学术英语词典的编纂不仅要使用目标语境类别广的大型语料库，而且应该采纳以语料库驱动的方法获取的词目信息，而非基于语料库的方法。如第一章所述，基于语料库的方法是依靠关于词义和短语的"先验范畴"（Tognini-Bonelli 2001：66），然而Kosem（2010：146）认为，就学术英语而言，尚无全面系统的词义和短语范畴，而且学术英语也并非任何人的母语，所以无本族语的先验范畴可言。同时他也强调，搭配是词典编纂中语料库驱动方法最直接的应用，因为搭配不仅被认为是语义描写的出发点，而且有助于有效区分词汇的义项（Sinclair 2004）。此外，Kosem（2010）也强调词典编纂应该融入对用户体验和需求的调查，因此在学术英语词典研编模式中，学生词典和自建学术英语语料库是主要的数据来源，其他已建学术英语语料库和词典则是参照信息。

在国内研究中，许家金（2017）较为全面系统地阐述了学术用途英语词典的编纂。以医学英语词典为例，他认为通用型词典对医学专业学生价值不大，并列举culture一词。culture在通用型词典中的主要义项是"文化"，而在医学文献中的首要词义是"培养(物)"，如医学实验中培养的某类菌种。culture作动词，沿用此义，仍是"(菌种类)培养"的含义。因此对医学专业的学生而言，某种程度上"培养"义可先学，"文化"义可后学。此类常用词汇的医学义项还有很多，又如develop在医学文献中也有跟culture相近的"培养"义(许家金 2017：63)。可见，这些特殊用途的词义若不掌握好，学生在专业学习中遇见此类常见词汇时无疑会产生理解问题。

与单纯的学习者词典不同(徐海 2010)，学术英语词典不是完全依靠学习者产出的文本语料，而应基于学生专业学习的目标语域或体裁(Alexander *et al.* 2008)。许家金(2017)采用的数据来源于MedAca医学学术英语语料库(临床医学子库)1.0，其英文全称为Medical English discourse of Academia(Clinical medicine component)V1.0。该语料库1.0版本规模约为100万词次，是DEAP(Database of English for Academic Purposes)语料库的医学子库。MedAca语料库的最终规模为500万词次。MedAca语料库分别收集各个子领域影响因子位列前三至五名的国际学术期刊论文。对于综合类期刊，只取其中与医学相关的论文。可见，其所选语料完全依据学生专业学习的学科方向与课程设置，精细的学科和专业分类保证了词典所含义项的针对性与指导性。

学术用途英语词典的编纂方法也一直存在创新性不足的问题(Kosem 2010)。正如许家金(2017)所言，词典编纂方法大体上是对语言学领域新理论和新方法的借鉴和应用，因此他尝试从体裁短语学视角探讨医学英语词典的编纂。他认为，一方面，短语学理论的型式意义视角有助于挖掘信息，反映真实医学学术英语的使用。他再以culture医学专业词义为例，表示只要将其置于典型的医学学术用法的短语语境中，其义自见。比如，culture medium/media、cell culture和embryo culture等典型搭配表示"培养基""细胞培养""胚胎培养"而不是"细胞文化"和"胚胎文化"的含义。另一方面，通过体裁分析角度，我们可以观察研究论文、实验报告和综述动态等不同医学体裁文本的语言特点，而且还能够分析学术论文内部不同语步之间语言使用的分布情况。在体裁短语学视角下，我们可以从宏观、微观双层结构编写医学学术英语学习词典。词典的宏观结构主要指词典规模、收词原则、词目的确立、编写方针和栏目设计等，而且词目的确定尤为关键，这牵涉词典的规模和收词原则。许家金（2017：56）建议通过主题词方法，自动排除掉医学英语和通用英语高频出现的一类单词（如the），还可采用关键主题词（key keyword）的方法得到多个医学二级学科普遍使用的词汇。词典的微观结构通常包括词目、注音、词频标记、词源和构词、释义、图示、语法标注、词汇搭配、例证和参见等。他提出，上述内容绝大多数可通过短语学方法加以整合，因为短语学理念创造性地将词法、句法、语义和语用融为了一体。

第四章 学术英语语料库研究方法

语料库与学术英语最重要的结合莫过于语料库为学术英语研究提供充分的学术语言使用实例，从而在真实的学术语境中分析语言形式和功能的规律。因此，相关的研究方法关注如何更好地在大量的语言实例中搜寻词汇及句式结构，挖掘语言特征和规律，进而提高教学的针对性和有效性。通过前面的述评可以看到，学术英语语料库研究主要依靠语料库方法的基本手段，如索引、主题词、搭配和词块等，其宗旨是服务于学术英语的教学与研究，而非语料库技术的开发和探索。正如Swales（2001）所言，我们是在学术英语教学环境中谈论分析学术文本的方法和路径。本章将论述学术英语语料库研究的常见方法。

4.1 索引与主题词

学术英语语料库研究经历了一个重要的转变：由以数据统计为驱动的词汇–语法层面的语域分析转向篇章和体裁层面的各类研究。后者的研究虽基于频率或比率，但着眼点在于结构、功能和语法的组合。这些跨越不同学科和体裁类型的学术英语研究为学术英语测试、教学大纲制定以及教学材料的开发提供了重要的参考信息和资源。上述两种研究模式构成了学术英语语料库研究的微观和宏观视角，进而引申出“自上而下”和“自下而上”两种路径。Swales（2002a）认为自己的研究一直采用“自上而下”的方式，即从语篇体裁特征入手，然后逐渐向下延伸至词汇和语法分析。相反，“自下而上”的典型语料库方式是从索引行出发，识别索引语境的词汇和语法特征，然后向上逐渐对体裁和篇章语境给予分析。他认为，“自上而下”的方式有助于语料库相关发现能够更为直接地应用于教学之中。可见，两种研究路径均建立在语料库索引、关键词和搭配的基本功能之上。接下来将分别讨论相关的学术英语语料库研究方法。

4.1.1 索引

索引（concordance），又称词语索引，或称语境中的关键词（Key Word In Context，简称KWIC），指逐行列举检索词在语料库中发生的片段，通常是检索词左右文字构成的上下文语境（如图4.1）。Sinclair在他经典的著作*Corpus, Concordance, Collocation*（《语料库、索引与搭配》）中给予索引较为权威的定义：索引是某词汇形式在文本环境中出现的集合，并在该词汇形式被检索时列出其在文本中出现的位置（Sinclair 1991：23）。

cholescintigraphy as non-invasive methods to measure human gall bladder motility. Two	findings	point to an important role of CCK in the regulation of postprandial
with the previous study it is anticipated that the project will generate	findings	that can be used by various government departments and other public bodies
is likely. In section 4.5 I shall use some of the	findings	of the doorstep survey and the outer-city community studies to inquire further
with temperatures up to 39.5°C occurred. On admittance, the laboratory	findings	were as follows: white cell count 7.9×10/l, red blood cell
speech perception) are spared. It should be clear how such	findings	are of relevance to theories about normal language processing. If a
Reconsider the criteria of success and their hierarchy Stage 3 J Subject	findings	to critical examination K Repeat the procedure for each emergent detail,
c) detail of case study; (d) analysis,	findings	and conclusion. In such a structure, (a) usually
hemifield. Other authors, however, have failed to replicate these	findings	(Gardner and Branski 1976; Boles, 1979). Nonetheless
), however, often have bile supersaturated with cholesterol. These	findings	suggest that factors, in addition to biliary cholesterol saturation, are
for low grade, gastric MALT lymphomas. In conclusion, our	findings	show that low grade, gastric MALT lymphoma can always be diagnosed
projects encourage a questioning attitude, and the application of nursing research	findings	to patient care by the ward team. When presenting the project
a complacent researcher indeed who does not look back on the research	findings	and wish that some things had been done better. The statement
compared with those in social classes I+II. The validity of these	findings	needs careful consideration. This study assessed symptomatic gall bladder disease rather
indicate whether or not two lines showed the same orientation. These	findings	are unlikely to be due to some superior "tuning" for
(functional loss of movement) and rigidity, and pathological laboratory	findings	, including raised white blood cell count. Persistence with neuroleptics for
computer programmes with their documentation to enable other researchers to test the	findings	and try out related methods. Award Title: The trade cycle
a firm commitment to those changes. In conclusion, the main	findings	from the project can be summarised as: A valid information model
the agency with a direction to reconsider it in accordance with the	findings	of the High Court. The difference between this and the two
in care was less than 90 days. Thus, although their	findings	are often applied by others to all children in care, only
a cost of at least 4 per tonne). The general	findings	of the feasibility study were that a WDF plant could be just
science and sociology. More recently feminists have challenged the assumptions and	findings	of a variety of disciplines. Whatever their 'disciplinary' background
any RFLPs for PGA in Japanese populations by EcoRI digestion. These	findings	indicate that all Japanese are homozygous for the A haplotype for PGA
representation in those with sinistral relatives it would be consonant with the	findings	from brain damaged right handers indicating greater bilaterality of verbal functions (
been infected for varying lengths of time, which may affect these	findings	. The long term sequelae of infection on acid secretion are not
Africa, Uganda, the USA and West Germany. The major	findings	from this survey were reported earlier (Brawley and Schindler, 1986
. Histopathology assessments were made without knowledge of the endoscopic or biochemical	findings	. The remaining six biopsy samples were divided into pairs and washed
weighed, compared and counted, they kept notes and discussed their	findings	. For me, their own evaluations and this record book tells
fixed in a solution of 10% formalin/ saline. The duodenal histological	findings	were reported as follows: Normal — with villus to crypt ratio
power of the size attribute. PLANT GROWTH We describe some relevant	findings	from papers on plant growth: Lolium temulentum Growth under an 8-Hour
in presentation. The moral is that the need to clearly communicate	findings	must always take precedence over considerations of technical adequacy. Conclusions In

图 4.1　BNC 学术子库中索引词 findings 的部分索引行

索引是语料库研究中具有代表性的操作之一。尽管索引工具可以进行多词短语与语法标注的检索，但是检索词通常是单一的单词。一般来说，操作者可以自定义语境的宽度，包括检索词语左侧语境的宽度和检索词语右侧语境的宽度，宽度可以以词数为单位定义，也可以以字符数为单位定义。当检索词语的主要搭配词在左侧语境中，则可以设定更宽的左侧语境，反之则可以设定更宽的右侧语境。此外，Tribble（2010）总结了三种处理索引行的方式：排序（sorting）、取样（sampling）和调整（refining）。

排序是指索引行可以按照检索词自身、左侧词语或右侧词语的字母，正序或逆序排列，这样研究者可以更好地观察检索词的使用规律。例如，图4.2是图4.1索引行按照左侧第一个词的字母顺序排列的，图4.3是图4.1索引行按照右侧第一个词的字母顺序排列的。通过图4.2，我们发现，findings最多的前置词是these和the，这表明findings的使用较多指代前文提及的结果；其次，laboratory和research出现的频率高于其他词，这表明findings在语境中多涉及“实验室”和“研究”的发现。通过图4.3，我们同样发现findings常与介词from和of连用，可见findings在使用中限定指及范围。另一个规律是findings右侧的部分对findings进行评价，一般使用be动词或实义动词（如indicate、suggest、show）。

science and sociology. More recently feminists have challenged the assumptions **and**	findings	of a variety of disciplines. Whatever their 'disciplinary' background
. Histopathology assessments were made without knowledge of the endoscopic or **biochemical**	findings	. The remaining six biopsy samples were divided into pairs and washed
in presentation. The moral is that the need to clearly **communicate**	findings	must always take precedence over considerations of technical adequacy. Conclusions In
a cost of at least 4 per tonne). The **general**	findings	of the feasibility study were that a WDF plant could be just
with the previous study it is anticipated that the project will **generate**	findings	that can be used by various government departments and other public bodies
fixed in a solution of 10% formalin/ saline. The duodenal **histological**	findings	were reported as follows: Normal — with villus to crypt ratio
with temperatures up to 39.5°C occurred. On admittance, the **laboratory**	findings	were as follows: white cell count 7.9×10/l, red blood cell
(functional loss of movement) and rigidity, and pathological **laboratory**	findings	, including raised white blood cell count. Persistence with neuroleptics for
a firm commitment to those changes. In conclusion, the **main**	findings	from the project can be summarised as: A valid information model
Africa, Uganda, the USA and West Germany. The **major**	findings	from this survey were reported earlier (Brawley and Schindler, 1986
for low grade, gastric MALT lymphomas. In conclusion, **our**	findings	show that low grade, gastric MALT lymphoma can always be diagnosed
a complacent researcher indeed who does not look back on the **research**	findings	and wish that some things had been done better. The statement
projects encourage a questioning attitude, and the application of nursing **research**	findings	to patient care by the ward team. When presenting the project
power of the size attribute. PLANT GROWTH We describe some **relevant**	findings	from papers on plant growth: Lolium temulentum Growth under an 8-Hour
Reconsider the criteria of success and their hierarchy Stage 3 J **Subject**	findings	to critical examination K Repeat the procedure for each emergent detail,
speech perception) are spared. It should be clear how **such**	findings	are of relevance to theories about normal language processing. If a
computer programmes with their documentation to enable other researchers to test **the**	findings	and try out related methods. Award Title: The trade cycle
is likely. In section 4.5 I shall use some of **the**	findings	of the doorstep survey and the outer-city community studies to inquire further
the agency with a direction to reconsider it in accordance with **the**	findings	of the High Court. The difference between this and the two
representation in those with sinistral relatives it would be consonant with **the**	findings	from brain damaged right handers indicating greater bilaterality of verbal functions (
in care was less than 90 days. Thus, although **their**	findings	are often applied by others to all children in care, only
weighed, compared and counted, they kept notes and discussed **their**	findings	. For me, their own evaluations and this record book tells
indicate whether or not two lines showed the same orientation. **These**	findings	are unlikely to be due to some superior "tuning" for
any RFLPs for PGA in Japanese populations by EcoRI digestion. **These**	findings	indicate that all Japanese are homozygous for the A haplotype for PGA
compared with those in social classes I+II. The validity of **these**	findings	needs careful consideration. This study assessed symptomatic gall bladder disease rather
), however, often have bile supersaturated with cholesterol. **These**	findings	suggest that factors, in addition to biliary cholesterol saturation, are
hemifield. Other authors, however, have failed to replicate **these**	findings	(Gardner and Branski 1976; Boles, 1979). Nonetheless
been infected for varying lengths of time, which may affect **these**	findings	. The long term sequelae of infection on acid secretion are not
cholescintigraphy as non-invasive methods to measure human gall bladder motility. **Two**	findings	point to an important role of CCK in the regulation of postprandial
c) detail of case study; (d) analysis,	findings	and conclusion. In such a structure, (a) usually

图 4.2　findings 的部分索引行按照左侧第一个词的字母正序排列

hemifield. Other authors, however, have failed to replicate these	findings	(Gardner and Branski 1976; Boles, 1979). Nonetheless
c) detail of case study; (d) analysis,	findings	**and** conclusion. In such a structure, (a) usually
computer programmes with their documentation to enable other researchers to test the	findings	**and** try out related methods. Award Title: The trade cycle
a complacent researcher indeed who does not look back on the research	findings	**and** wish that some things had been done better. The statement
speech perception) are spared. It should be clear how such	findings	**are** of relevance to theories about normal language processing. If a
in care was less than 90 days. Thus, although their	findings	**are** often applied by others to all children in care, only
indicate whether or not two lines showed the same orientation. These	findings	**are** unlikely to be due to some superior "tuning" for
representation in those with sinistral relatives it would be consonant with the	findings	**from** brain damaged right handers indicating greater bilaterality of verbal functions (
power of the size attribute. PLANT GROWTH We describe some relevant	findings	**from** papers on plant growth: Lolium temulentum Growth under an 8-Hour
a firm commitment to those changes. In conclusion, the main	findings	**from** the project can be summarised as: A valid information model
Africa, Uganda, the USA and West Germany. The major	findings	**from** this survey were reported earlier (Brawley and Schindler, 1986
any RFLPs for PGA in Japanese populations by EcoRI digestion. These	findings	**indicate** that all Japanese are homozygous for the A haplotype for PGA
in presentation. The moral is that the need to clearly communicate	findings	**must** always take precedence over considerations of technical adequacy. Conclusions In
compared with those in social classes I+II. The validity of these	findings	**needs** careful consideration. This study assessed symptomatic gall bladder disease rather
science and sociology. More recently feminists have challenged the assumptions and	findings	**of** a variety of disciplines. Whatever their 'disciplinary' background
is likely. In section 4.5 I shall use some of the	findings	**of** the doorstep survey and the outer-city community studies to inquire further
a cost of at least 4 per tonne). The general	findings	**of** the feasibility study were that a WDF plant could be just
the agency with a direction to reconsider it in accordance with the	findings	**of** the High Court. The difference between this and the two
cholescintigraphy as non-invasive methods to measure human gall bladder motility. Two	findings	**point** to an important role of CCK in the regulation of postprandial
for low grade, gastric MALT lymphomas. In conclusion, our	findings	**show** that low grade, gastric MALT lymphoma can always be diagnosed
), however, often have bile supersaturated with cholesterol. These	findings	**suggest** that factors, in addition to biliary cholesterol saturation, are
with the previous study it is anticipated that the project will generate	findings	**that** can be used by various government departments and other public bodies
Reconsider the criteria of success and their hierarchy Stage 3 J Subject	findings	**to** critical examination K Repeat the procedure for each emergent detail,
projects encourage a questioning attitude, and the application of nursing research	findings	**to** patient care by the ward team. When presenting the project
with temperatures up to 39.5°C occurred. On admittance, the laboratory	findings	**were** as follows: white cell count 7.9×10/l, red blood cell
fixed in a solution of 10% formalin/ saline. The duodenal histological	findings	**were** reported as follows: Normal — with villus to crypt ratio
(functional loss of movement) and rigidity, and pathological laboratory	findings	, including raised white blood cell count. Persistence with neuroleptics for
weighed, compared and counted, they kept notes and discussed their	findings	. For me, their own evaluations and this record book tells
been infected for varying lengths of time, which may affect these	findings	. The long term sequelae of infection on acid secretion are not
. Histopathology assessments were made without knowledge of the endoscopic or biochemical	findings	. The remaining six biopsy samples were divided into pairs and washed

图 4.3　findings 的部分索引行按照右侧第一个词的字母正序排列

取样可以有效减少索引行过多带来的信息处理压力。当检索产生过多的索引行时，Tribble (2010) 建议我们可以通过三种方式进行处理。第一种方式是减少语料内容。我们在BNC中检索into会得到157,925个索引行。显然，这些索引行的信息量是庞大的，或许是超出我们得出语言结论所需要的数量。Biber (1990) 发现，针对类似into这样的单个词汇检索，百万词符以上规模的语料库提供的索引行信息其实是过剩的。因此，我们可以改用BNC缩减版（BNC Baby）以减少语料内容，同样对into进行检索，BNC缩减版的检索结果就降低到了5,982条。可见，这种方法大大提高了可操作性。第二种方式是可以在所获索引行中进行随机抽样（现有部分语料库索引工具可以进行指定数量的随机抽样）。第三种方式是限制检索（restricted search），即限定目标检索的条件。例如，Jiang & Wang (2018) 考察了学术论文中指示代词this使用的学科差异，分析this后面不带名词、伴随名词以及伴随名词的类别等。他们使用自建多学科学术论文语料库，通过AntConc软件检索this，然后再分析索引行。但是这里存在一个问题，即this的使用较为普遍，产生的索引行数量过多。因此，他们缩小了搜索范围，只关注谓语独立句首的this使用，从而减少了索引行过多带来的信息负担。

此外，值得注意的是，在图4.1、4.2、4.3中，我们选择了30个索引行。Sinclair (1999) 认为，因为丰富的检索能够产生成百上千的索引行，因此我们可以随机选择30个索引行来观察语言使用的规律，然后再选择另外30个索引行，发现新的规律，直到额外的30个索引行不会产生新的规律为止。同样，梁茂成 (2016) 认为，索引分析是一项需要极大耐心和敏锐观察力的工作，也是验证语言研究者直觉的过程。分析过程中可形成各种假设，然后加以验证、修正、再验证、再修正，直至形成最完善和系统的描述。Sinclair (2003) 建议索引行的解读按照扩展意义单位的方法进行，分析从右至左，由近及远，分别观察搭配、类联接、语义倾向和语义韵。这里，笔者引用Sinclair (2003：57-58) 用以举例的incur索引行以及他提出的疑问式程序，从而更好地理解如何从右至左、由近及远地观察索引行。

worth between YEN 250m and YEN 500m	incur	a tax rate of 65%. A sum
and that the confession may also	incur	a torrent of moral judgment,
of 40m. Punch would also	incur	an additional capital gains tax
don't run a single minute late and	incur	costly overtime payments. Pavarotti
that a sentient entity can	incur	a loss. For a critical discussion
today have product liability and can	incur	legal damages if they place a
or so. I know if I cash my super in I	incur	a hefty tax bill. Is it possible to
perceived as negative that may	incur	bad publicity. It is surely time
Allen said: 'No one state should	incur	sanctions when making a stand
Countreys, lest otherwise he should	incur	great danger and loss in the
must be invested overseas, or if they	incur	unusually large costs to get their
face deduction of 10 points if they	incur	that grading in 1996. Cricket:
APPLE COMPUTER expects to	incur	a $700 million loss in the
The restructuring is expected to	incur	a one-off charge of less than
The company said it continued to	incur	an operating loss due to increased
of fiscal 1990 and we are likely to	incur	additional restructuring charges as
path and it does not expect to	incur	any abnormal restructuring costs in
Mm. That means that we have to	incur	that expenditure. And equally I
are many overheads we are forced to	incur	in order to make our judgements as
round on Everest Fol Amour only to	incur	three quarters of a time fault,
and for any losses or costs w e	incur	as a result of any breach by you of
trading markets. American firms will	incur	short-run adjustment costs but
not to be called in as they would	incur	penalty rates, 'after all it's only
the gospel and reform sinners would '	incur	the highest displeasure of his
was open to competitive tender would	incur	costs. But Mr Wakeham emphasised
Western Front. Attacking armies would	incur	huge losses for gains that could
to seek a method which would	incur	the lowest loss of life and the
order to place the shares and would	incur	advisory and other costs. The
OF POCKET EXPENSES: if you	incur	out of pocket expenses, notify the
card. You can relax, knowing that you	incur	no liability for fraudulent

图 4.4　Sinclair（2003）用以举例的 incur 索引行

在图4.4中，先浏览紧靠incur右侧的单词，它们极有可能是incur的施物对象，告诉我们“哪些事物常被招致和引起”。我们找到这些目标词汇，然后根据它们的含义进行归类，再分析目标词汇的前置限定词。如有可能的话，再关注目标词汇的其他限定词和修饰语。

观察这些修饰形容词，思考它们传递的语言含义是积极的还是消极的；再浏览目标词汇的名词修饰语、所在的介词词组或者其他的语言结构，并思考它们是否也传递某种语言含义。

接下来，观察incur左侧的词汇。浏览incur左1、左2、左3的词汇，再考察是否有涉及时态和语态的动词、副词和连词因素。

当我们发现incur左1的位置常出现to时，观察to的使用与何种含义相连，从而总结incur的上下文语境。

整体而言，阅读和分析索引行通常包含七个步骤（Sinclair 2003；Tribble 2010）：

第一步，初步了解（initiate）。

观察检索词的左侧或右侧的词汇，尝试找到某种显著的规律。Hyland & Jiang（2017b）在自建的期刊论文语料库中搜索数字，手动排除非学术引用形式后，得到引用形式的索引行（部分如图4.5）。于是我们很快就能够发现一些最为显著的规律，比如“姓氏＋(年份)”。

第二步，粗略解读（interpret）。

Sinclair（2003）阐述道，该步骤主要是观察反复出现的词汇形式，试图找到能够关联这些或者大多数词汇形式的一般性概论。我们可以关注它们是否是相同的词类，或者是否含有相同的含义。就图4.5而言，我们可以初步总结出，学术英语写作通常使用“姓氏＋(年份)”来陈述或报告引用的文献，这里既不是用名字也不是用“首字母缩写＋(年份)”的形式。

aseological nature of language were mainly concerned with speech production. For example, Bolinger (	1976) argued that although speakers have the potential to be creative, much of the language
instance, in a longitudinal case study of lexical acquisition by an anthropology student, Parry (	1993) found that the student was partly successful at inferring new word meanings from disciplinary
before countering it, they appear to be giving it what G. Thompson and Zhou (	2000) refer to as more "informational weight" (p. 128). This maneuver contributes to a measured or
there is a link between working-class subjectivities, culture and behavior, which Paul Willis (	1977) found in his oft-cited study of working-class adolescent males in the English
For more, see Appleby (2005/2006, 2010), Windle and Miller (2012), and seminal work by Wallerstein (	1982). Use Critical Discourse Inquiry In teaching an ESL reading class at a New York
opposed to when they maintained a posture that inhibited hand movements. Sasaki and Watanabe (	1984) showed that native speakers of Chinese, like native speakers of Japanese (but not learners
based on a firm understanding of inequality, as well as research by Benesch (2008), Cummins (	2000), and others, where the focus is on how bilingual children from poor and working-
ly university undergraduates), which differs considerably from that of the norming group (see Meara	1978 and Kruse et al. 1987 in Table 2). It is possible that other factors such as
rehension (Laufer, 1992, Laufer and Ravenhorst-Kalovski, 2010, Qian, 1999 and St?hr, 2009). Laufer (	1992) reported correlations ranging from .50 to .75, Qian (1999) found a correlation of .78, and Lau
its nature and function. A pilot study by Sasaki and Watanabe (1983; see also Sasaki,	1984) indicated that native speakers of Japanese were more successful at a kanji integration task (
in different ways by a long list of researchers such as Milroy and Milroy (	1978) and Cheshire (1978). Meanwhile, in the United Kingdom, Basil Bernstein (1971, 1973, 1975) wor
enor. Appraisal theory has been developed recently in SFL theorizing (Martin, 2000; Martin & White,	2005) to track specifically how the tenor shapes and is shaped by language choice. Specifically,
(LRE) are one example of languaging that has been studied extensively. Swain and Lapkin (	1995) defined LREs as instances when \xE2\x80oea learner either spoke about a language
tie their observations to the use or nonuse of k??sho. A study by Mann (	1986) suggests that an advantage conferred by the habit of air writing while learning kanji
publicly. Such emotions, I argue, stemmed from the circulating scholar social imaginary. Benesch (	2012) observed that \xE2\x80oeemotional responses to ?€? objects are mediated by the degree of
significant than the use of information that readers make at the word level. Paran (	1996) also emphasizes the importance of effective bottom-up processing for word recognition that lea
in the text, but reasonable understanding of that text at 95% coverage. Hu and Nation (	2000) compared comprehension of a relatively easy L2 text at four levels of coverage: 80%, 90%, 95%,
, 2007; Kinginger, 2004; Vandrick, 1995, 2011). Regarding language teachers, Ramanathan and Morgan (	2009) have lamented the class blindness that they have found in critical pedagogies in TESOL,
much energy to the study of identity and investment. In Australia, for example, Ollerhead (	2012) has drawn on the constructs of investment and imagined communities to understand teacher respo
ents of language teachers rather than language learners. In their doctoral dissertations, Carazzai (	2013) and Sanches Silva (2013) studied the construction of teacher identity in the states of Santa

图 4.5 Hyland & Jiang（2017b）自建语料库中学术引用的索引

第三步，仔细确认（consolidate）。

在这一步骤中，我们跳出检索词，查看左右文字，观察是否有其他的规律可以提炼。在图4.5中，还发现一系列动词（如argue、find、refer to等）与“姓氏＋(年份)”连用，形式为“姓氏＋(年份)＋动词”。

第四步，列明报告（report）。

经过前三个步骤的观察和解读之后，列明得到的发现。继上述案例描写后，我们可以逐一记录观察到的“姓氏＋(年份)”之后的动词，并在报告中列明：

学术引用形式：姓氏＋(年份)＋动词

动词选择：argue、find、refer to、show、report、indicate、define、suggest、observe、emphasize、compare、lament、draw on、study

第五步，语境回顾（recycle）。

该步骤要求研究者再一次回顾检索词的上下文语境，进一步观察上述步骤的发现。我们在图4.5中浏览扩展语境时发现在学术引用之前有时添加for example。例如，For example, Bolinger (1976) argued that although speakers have the potential to be creative, much of the language…和In Australia, for example, Ollerhead (2012) has drawn on the constructs of investment and imagined communities to understand teacher...。

第六步，结果总结(result)。

这一步骤将上述观察结果进行记录和总结，用于后续研究的分析和对比。例如：

学术引用形式：姓氏 +(年份) + 动词

动词选择：argue、find、refer to、show、report、indicate、define、suggest、observe、emphasize、compare、lament、draw on、study

扩展语境：for example + 姓氏 +(年份) + 动词

第七步，过程重复(repeat)。

这一步骤并不意味着索引行阅读和分析的结束，而是使用更多的语料重复上述步骤。这样，研究者能够检验、扩展、调整或修正上述步骤的观察和概论，也可以对潜在不确定的观察进行印证。比如，在图4.5中，我们发现了"姓氏 +(年份) + 动词"中的动词时态具有多样性的特点，有过去时、现在时、现在完成时。但是由于目前索引行个数有限，难以作出规律性的总结，所以研究者可以加载新的语料然后重复上述过程，以期得出规律性的结论。有意思的是，Hyland & Jiang(2017b)基于大量索引行，发现学术引用中现在时的使用比例增加，而过去时的比例缩减。

4.1.2 主题词

我们在上一节看到，索引行反映的最直接信息就是词汇和结构在语料库中的发生频率。每一个词汇和结构都建构语料文本的意义，但是只有部分语言识别文本的独特性。主题词是指这样一个词汇：它在一个语料库中出现的频率明显高于它在其他同等规模或较大规模语料库中出现的频率。这里的显著程度是基于频数对比的显著性差异结果。梁茂成(2016)认为，在统计学中，频数对比最常用的方法之一是卡方检验(chi-square test)，后来这种方法被借用到语料库研究中。Rayson *et al.*

(1997)较早地使用卡方检验，对英国国家语料库中的男性口语和女性口语进行对比。研究发现男性和女性的口语表现出十分不同的词汇特征。此外，Rayson提出，卡方检验有时不够稳定，特别是在频数小于5的情况下，因此他认为语料库对比中使用对数似然比更为可靠。因此，对数似然比至今仍然是语料库对比研究中的推荐方法，也是绝大部分语料库检索软件中默认的方法。

Bondi & Scott(2010)认为，主题词是分析特殊用途语篇和阐释语域特殊性的核心因素。就功能而言，Bondi & Scott(2010：7)认为有两类主题词，一类是"基于文本内容"的主题词，关系到语篇主题的发展；另一类是"基于文本组织"的主题词，关系到语篇结构的展开。换句话说，第一类主题词是关于文本的概念结构，指示文章的所言之事；第二类主题词是关于文本的篇章结构，揭示文章的交际目标。Bondi & Scott(2010)认为，主题词未必是单个单词，还可以是词块或扩展意义单位。同样，Baker *et al.*(2006：97-98)发现，主题词通常包括专有名词、文体倾向的语法词以及关于文章主题的实词。主题词可以使用WordSmith等语料库工具进行自动分析。

主题词通常是两个语料库中频数有显著差异的词。在语料库对比研究中，当前研究所基于的语料库称为观察语料库，而作为参照对象的语料库称为参照语料库。参照语料库即为研究中的参照对象，而参照对象的特征会影响到对比研究的结果，因此参照对象的选择非常重要。在大多数研究中，参照语料库的规模至少是观察语料库的五倍，所以我们常以通用语料库为参照语料库。

比如，so在日常口语交流中的使用频率非常高，如果想了解该词在课堂用语中是否为关键词，就可以选定BNC课堂部分子库为观察语料库，BNC全库为参照语料库。检索发现so在观察语料库中出现的频率是2,445次，在参照语料库的频率是239,116次，如表4.1所示：

表 4.1　so 在课堂话语语料库的关键词计算

	观察语料库	参照语料库
so的频数	2,445	239,116
语料库总容量	303,118	98,313,429

有了上表的基础数据，我们就可以计算出关键词的数据信息。

在大多数情况下，主题词信息不需要人工计算，语料库分析工具和在线资源通常都集成了主题词分析功能。譬如，BNCweb提供主题词在线分析，可以对两个语料库中的所有词进行穷尽比较，并将主题词值达到显著水平的词全部抽取出来，生成主题词表(图4.6)。这里，我们可以看到so的主题词信息，该行的最后一列显示其对数似然比的值为2,507.58。据此，可以得出so在课堂话语中的主题词程度。

No.	Word	Frequency in 'lectures'	Frequency in 'Whole BNC'	+/-	LL-value
1	er	3,678	89,843	+	12238.76
2	erm	3,103	63,032	+	11368.01
3	you	6,721	667,363	+	6750.48
4	‘	28	768,886	-	4331.37
5	’	28	751,071	-	4225.3
6	[unclear]	2,348	152,636	+	3849.9
7	freud	431	1,559	+	2934.47
8	that	6,974	1,118,985	+	2908.49
9	so	2,445	239,116	+	2507.58
10	okay	626	12,094	+	2350.9
11	y'know	268	528	+	2098.24
12	it	6,081	1,054,279	+	2070.51
13	,	20,873	5,014,383	+	1936.34
14	're	1,198	80,640	+	1898.07
15	i	5,055	868,634	+	1764.08
16	right	1,169	90,502	+	1598.54
17	um	218	648	+	1558.1
18	know	1,320	118,628	+	1512.72
19	's	4,492	783,990	+	1501.2
20	:	5	257,045	-	1488.96
21	kind	596	23,549	+	1473.29
22	if	2,019	253,205	+	1407.02
23	.	10,021	4,713,133	-	1383.78
24	've	1,058	86,026	+	1368.44
25	yeah	1,036	82,997	+	1363.05
26	what	1,929	240,285	+	1360.48
27	think	1,060	88,617	+	1327.11
28	sort	585	26,919	+	1292.81
29	mean	716	42,891	+	1268.11
30	n't	2,218	316,187	+	1208.63

图 4.6　BNC 语料库中课堂话语部分的关键词列表

此外，也有研究者开发专用工具，比如梁茂成开发的Keywords Plus软件。这款软件可以根据用户提供的基础数据计算主题词值。

从上述讨论中可以看出，主题词是通过对比观察语料库与参照语料库得到的，通过统计学方式揭示两个语料库间是否存在显著差异。梁茂成(2016)认为，如果主题词是实词，常常可以通过主题词来推断观察语料库的主题或所言之事，因此人们经常用这种方法来确定专业词汇；若主题词是虚词，则常常暗示语体或语言风格的差异。比如，在上述分析实例中，so在课堂话语中出现的频率显著高于其在BNC中的频率。这表明在课堂话语中，教师需要不断地使用so总结所讲知识，有助于学生巩固阶段性的学习成果。

同时，梁茂成(2016：83-84)强调，主题词有正主题词与负主题词之分。如果某词在观察语料库中的标准化频率高于其在参照语料库中的标准化频率，则该词的主题词特征值为正值。此时，如果p值达到显著水平，则表明该词在观察语料库中的频率显著高于其在参照语料库中的频率。反之，如果某词在观察语料库中的标准化频率低于其在参照语料库中的标准化频率，其主题词特征值为负值。如果p值达到显著水平，则表明该词在观察语料库中的频率显著低于其在参照语料库中的频率。

主题词分析是语料库间对比最常见的方法之一，它可以有效地揭示语料库的语言特征。Malavasi & Mazzi(2010)自建了250万词符的双学科对比语料库，语料文本来自306篇历史学和322篇营销学的期刊论文。研究者使用WordSmith软件生成每个语料库的词表，再通过主题词功能，生成每个学科的主题词表并由此选定每个学科的五个特定主题词项用以作进一步分析。每个学科的五个特定主题词项如表4.2。

表 4.2 历史学和营销学的主题词及其频率（Malavasi & Mazzi 2010：173）

历史学 主题词	频率	每十万词 频率	排名	营销学 主题词	频率	每十万词 频率	排名
He	9,049	374	2	We	13,260	537	2
Science	1,189	49	20	Results	3,391	137	18
Historians	1,021	42	28	Effects	3,149	128	19
Texts	687	28	47	Research	3,846	156	20
Society	1,322	54	61	Data	3,261	132	24

Malavasi & Mazzi(2010) 认为，这两组主题词能够分别反映出两个学科不同的研究对象和论述主体。首先，science和society是历史学特定的研究对象，进一步观察检索行可以发现understanding/view of science和western/democratic society在历史学语料库中高频出现。effects是营销学特定的研究对象。the effects of...on...结构在营销学语料库中频繁出现，product modification、consumer motivation、pricing policy、promotions、multinationality、strategy是常见产生影响的因素，distribution、reputation、profit、profitability、performance、person's desire、consumers' welfare、choice是常见的被影响对象。可见，通过主题词，我们可以预测不同学科关注与研究的对象。此外，主题词也可以反映论述主体的不同。这里，历史学语料库中主题词texts体现历史学论文通过文本来论述，而营销学则相对是通过data和research来阐述观点。因此，他们认为，主题词暗示学科知识建构的认知体系，表现不同的叙述主体、研究对象和过程。

就学术英语教与学而言，Scott(2006) 认为，主题的相关信息，如词汇等，能够帮助我们潜移默化地了解包括学术英语在内的特殊用途语言。同时，学生语言主题词意识的增强有助于提高他们的语言能力。因此，Scott（2006：240-241）建议开展六个关于主题词的教学活动。第一，教师不给学生文本，只提供频率较高的主题词列表，让学生猜测文本的内容，再让学生比照原文衡量自己的判断；第二，让学生对所给关键词进行归类，如方位词和过程词等；第三，让学生猜测包含主题词的其他可能的文本类型；第四，基于主题词列表，给学生布置写作任务；第五，安排学生根据主题词表，进行口头陈述；最后，训练学生阅读并听写主题词。通过这些活动，学生不仅可以理解和创建合理有效的学术文本，而且能认识到篇章词汇是有主次之分的，语言学习要率先掌握主题词类的主要词汇，因为这类词汇能够概括文本内容，透视篇章语境。

4.2 搭配及词块

4.2.1 搭配

语料库实证始终显示：意义更大程度上来自于词汇的相互选择，而非单个词汇。其中的一个选择关系就是搭配。搭配由伦敦学派创始人、语境论提出者John R. Firth给予界定并将其理论化。Firth（1957：14）认为任何一个词的含义总是取决于语境，脱离完整语境的意义考察是没有意义的，因而词语的意义依赖"习惯性共现的词语"。Baker *et al.*（2006：36-37）将其描述为在特定语境下词汇与其他词汇组合出现的现象。Sinclair（1991：170）将搭配具体定义为两个或两个以上的词在文本中相距不远处共同出现。梁茂成（2016：41）认为，该定义其实体现了多层含义：其一，搭配是词汇层面的，离开了具体的词汇，搭配无从谈起；其二，搭配是一个序列，至少涉及两个词；其三，相互搭配的词语之间相距不远，一般在一定跨距之内；最后，搭配存在于文本之中，离开文本无所谓搭配，这体现了Sinclair的文本中心说。

关于搭配，一个经常引用的例子就是Firth举例的dark night，即

"One of the meanings of night is its collocability with dark, and of dark, of course, collocation with night." (Firth 1957：196)。night的意义之一在于它可以与dark搭配，同样，dark的意义之一在于它可以与night搭配。搭配词(collocate)也是与某词在上下文共现和互选的词汇，共现和互选需达到一定的频率以保证不是随机发生的。此外，Firth(1957)认为，搭配是词汇之间的横组合关系(syntagmatic relation)，即两个词之间存在一种相互期待(mutual expectancy)和相互预测(mutual prediction)。表4.3为词汇research在英国学术笔语语料库(BAWE)中位列前十的搭配词，包括频率由高至低排序以及与节点词research的相对位置。如表4.3所示，the的总体频率最高。L1表示位于节点词左侧的第一个词，同理R1是位于节点词右侧的第一个词。

表4.3 英国学术笔语语料库(BAWE) research位列前十的搭配词

Word	Total	Left	Right	L5	L4	L3	L2	L1	R1	R2	R3	R4	R5
the	2,128	1191	937	157	281	147	119	487	43	271	201	184	238
of	1,320	861	459	81	88	97	335	260	40	27	65	184	143
and	1,171	509	662	77	91	137	116	88	260	109	79	119	95
to	926	452	474	78	81	110	119	64	58	99	121	96	100
in	855	428	427	77	70	63	156	62	127	88	75	70	67
that	579	181	398	38	25	31	64	23	56	117	125	56	44
a	579	325	254	62	86	65	37	75	56	47	55	45	51
is	534	172	362	63	51	39	16	3	186	58	44	31	43
for	410	291	119	36	28	25	98	104	34	17	16	31	21
on	406	130	276	28	22	14	43	23	136	39	35	33	33

在这里，我们需要注意几个问题。首先，在分析搭配词时，需要选择上下文涵盖的范围，如在表4.3中，范围是节点词左右各五个词。通常认为选择四至五个词的范围为宜。Stubbs(2001)建议选取左右侧四个词，而Sinclair(2004)认为左侧五个词、右侧四个词更为适宜，因为"搭配规律的强度左侧比右侧高"。其次，我们发现表4.3中很多高频搭配词并不能明显表示和节点词之间的关系。比如第一个搭配词the，显然它不仅和research搭配，还与其他很多词汇形成搭配关系，而频率稍低的词(如qualitative、development、method等)则是更具有启示意义的搭配词。因此，我们需要借助统计方法衡量搭配词的频率与显著性，或称搭配强度(collocation strength)。常见方法有Z值(Z-score)、T值(T-score)、互信息值(Mutual Information，简称MI值)、卡方检验、对数似然比等(梁茂成 2016)。T值和互信息值是比较常用的统计检验方法。Stubbs(1995)对每一种统计方法的优点和不足进行逐一阐释，这里我们以表4.4和表4.5为例略谈一下T值和互信息值的比较。表4.4和表4.5分别是BNC学术英语子库中data按照T值和互信息值排列的跨距为左3至右3的前20位搭配词。

表 4.4 BNC 学术英语子库中 data 的跨距为左 3 至右 3 的前 20 位搭配词（根据 T 值）

搭配	频数	T 值
from	838	22.7947
on	689	17.1644
analysis	257	14.9222
collected	199	13.9469
available	211	13.6129
collection	170	12.8513

（待续）

（续表）

搭配	频数	T值
are	540	12.7411
these	311	12.5546
using	182	12.3518
for	678	12.0623
shown	171	12.0171
the	3,602	11.5569
base	139	11.4238
our	142	9.6241
processing	97	9.4914
sets	83	8.7747
suggest	85	8.4048
used	130	8.3677
presented	80	8.3065
show	86	8.1475

表 4.5　BNC 学术英语子库中 data 的跨距为左 3 至右 3 的前 20 位搭配词（根据 MI 值）

搭配	频数	MI 值
non-experimental	9	7.7221
nmr	14	7.589
time-series	6	7.5241
nova	10	7.3766
remotely-sensed	11	7.3442
computer-readable	5	7.1542

（待续）

（续表）

搭配	频数	MI 值
cartographic	19	7.1327
digitised	5	6.8741
archive	66	6.7771
non-parametric	8	6.7327
crystallographic	5	6.7136
machine-readable	28	6.6396
herms	9	6.5241
seismic	26	6.5199
unpaired	12	6.4697
collected	199	6.4641
unpublished	36	6.4258
vitrinite	12	6.3177
collection	170	6.1227
formats	14	6.0894

由表4.4和表4.5可以看到，基于T值的搭配词多数是由语法功能词构成，而基于互信息值的搭配词多数是实义词汇。这是因为互信息值通常突出与检索词同现频率相对不高的搭配词，而T值恰好相反。Sinclair（1991：116）分别将它们称为“上行搭配词”和“下行搭配词”，前者往往适用于语法结构分析，而后者适用于语义分析。因此，T值和互信息值能够帮助研究者识别不同的搭配信息。

在学术英语研究中，搭配分析通常着眼于揭示文本的学科导向性或者服务于教学目的。例如，Ward（2007）基于自建语料库对比考察了化学工程与工程其他方向教材的语言特征，发现化学工程学教材中搭配现象非常普遍，这构成高频词出现的诱因。此外，高频词gas、heat和liquid

仅出现在化学工程方向而非其他方向的教材中，其他方向的高频词(如system、time和factor)搭配也表现出很强的学科倾向。Vincent(2013：47-49)提出了适用于学术英语教学的短语结构的词汇搭配识别方法，即找到潜在短语表达(如the concept of)，提炼短语核心(the...of)，再基于语料库确定短语核心搭配的频率是否达到值得教学重视的水平，再分析不同的搭配选择是否表达相似的含义，并形成固定的表达功能。例如，Vincent(2013)基于T值发现the...of短语核心常见的搭配词包括use、presence、case等，用来表达某概念或事物的存在，该短语核心的高频出现使其成为教学重点。

Ackermann & Chen(2013)利用语料库统计和专家甄别的量化与质化方法，建立了学术搭配词表(Academic Collocation List，简称ACL)。它包含2,468个最高频的搭配选项，进一步为学术英语教学提供搭配方面的信息。考虑到互信息值与T值各自的优缺点，Ackermann & Chen(2013)设定筛选互信息值不低于3且T值不低于2的搭配，因为基于该检索设定的搭配被认为是“关联度最强、最确定的搭配”(Hunston 2002：75)。首先，选取每百万词至少出现5次且分布在五个以上不同文本的实义词项作为节点词，筛除语法功能词、专有名词和基础词表(General Service List)中的通用词汇。然后，基于上述选取的节点词，共得到超过130,000项搭配信息，每项包括节点词、搭配词及其位置、初始频率、互信息值、T值、搭配分布的文本数量、搭配在每个学科出现的标准化频率等。接下来，研究者结合语法标注选择，仅保留动词+名词(如gather data)、形容词+名词(如systematic approach)、副词+形容词(如increasingly complex)、副词+动词(如significantly affect)四类主要的语法结构。再经过学科专家的主观识解，判断所得到的搭配对学术英语学习和教学的相关性和适用性。最终确定该学术搭配词表包含2,468项服务于学术英语教学的搭配选项，并通过不同的词性标注组合呈现，如图4.7所示。

Combinations	POS I	POS II	No of entries	Percentage	Examples
1. Noun combinations	adj	n	1773	71.8%	*anecdotal evidence, classic example*
	n	n	62	2.5%	*assessment process, target audience*
	Total		1835	74.3%	
2. Verb + noun/adj combinations	v	n	310	12.6%	*gather information, undertake research*
	v	adj	30	1.2%	*consider appropriate, seem plausible*
	Total		340	13.8%	
3. Verb + adv combinations	adv	v	16	0.6%	*explicitly state, strongly agree*
	v	adv	29	1.2%	*grow rapidly, vary considerably*
	adv	vpp	124	5.0%	*previously mentioned, (be) widely dispersed*
	Total		170	6.9%	
4. Adv + adj combinations	adv	adj	124	5.0%	*highly controversial, (be) markedly different*
	Total		124	5.0%	
Grand total			2468	100%	

图 4.7 学术搭配词的词性标注组合示例（Ackermann & Chen 2013）

Ackermann & Chen（2013）总结道，这些搭配具有学科间性和动态变化特征，是学生不易掌握的学术英语语言。搭配词表为学术英语教学材料的撰写，提升学生词汇水平提供参考资源和依据。对于学术英语搭配的教学，应该采用显性和隐形结合的方式，提高学生词汇搭配输入和输出的能力，从而增强学生的学术英语水平。因此，Ackermann & Chen（2013）建议应将词汇搭配加入学术英语教学内容当中。

4.2.2 词块

词块（lexical bundle），简言之是词与词的组合，属于多词单位（multiword unit）、多词序列（multiword expression）或与此类似的说法，如词族（cluster）、预制词块（prefab或prefabricated chunk）、套语（formulaic sequence）、N元组（n-gram）等(梁茂成等2010：13)。词块呈现频率高的词汇组合，塑造文本在特定语境的意义，增强篇章的连贯和可读性，因此是学术英语研究中的一个热点。

词块是在自然语言中反复出现的非习语词串（Biber *et al.* 1999），是可作为整体储存和使用的扩展化搭配（extended collocation），反复出现的频率和范围高于随机偶然（Cortes 2004）。它们可以是2词组合、3词组合、4词组合或者4词以上的组合。其结构和意义可以是完整的，也可以是不完整的(例如，as seen、the fact、the nature of、is a key、as a result of、on the other hand、in the case of the、the context of the、it is likely to)。词块能够提高语言处理的效率和表达的流畅度。3词词块是出现颇为频繁的扩展搭配组合，4词、5词词块则更近似于词组搭配，频率相对低一些。表4.6是基于应用语言学、社会学、电子工程和物理学四个学科80篇期刊论文小型语料库(约60万词符)而制作的3词、4词和5词最高频的前十个有效词块表。它们的频数分别为40,389例、7,768例和3,082例。可见，3词词块最多，但是时常包含在4词词块中，而同时4词词块又常包含在5词词块中。

表4.6 多学科语料库的3词、4词和5词词块

3词词块	4词词块	5词词块
as well as	in the case of	at the end of the
in order to	on the other hand	in the case of the
the number of	as a function of	on the other hand the
in terms of	it is important to	it should be noted that
the case of	is shown in fig	on the basis of the
the effect of	at the end of	in such a way that
shown in fig	in terms of the	it is important to note
due to the	in the context of	as a function of the
the use of	on the basis of	in the case of a
one of the	with respect to the	it can be seen that

词块研究常常涉及识别与分类两方面问题。识别是指选择词块包含的词项数(如3词、4词或5词)，设定词块出现的频率和词块的文本覆盖

率，而分类是指词块的结构与功能分类。接下来将分别论述词块的识别与分类。

通过频率与覆盖面判别词块不仅是词块研究的传统，也是确保研究方法清晰明了的必要条件（Altenberg 1998）。然而，已有文献中没有统一既定的标准，其呈现因研究者和研究侧重点不同而“任意性较强”（Cortes 2013）。就频率设定而言，Biber *et al.*（1999）和Biber（2006b）采用每百万词出现10次，Cortes（2004）和Hyland（2012b）采用每百万词出现20次，还有研究选择“最为保守的”每百万词出现40次（如Biber & Barbieri 2007）。此外，仍有不同的是Chen & Baker（2010），她们采用出现4次的初始频率，并认为频率阈值的选择和语料库规模有关，标准化频率适合规模较大的语料库，而小型语料库适合使用初始频率。她们认为，这是因为当标准化频率转化为初始频率时，小型语料库的词符数将会影响最终得到的词块数量。譬如，比较八万词与四万词两个小型语料库，若将阈值设为每百万词40次，这意味着词块在第一个语料库的初始频率为3.2次，在第二个语料库为1.6次，四舍五入后初始频率分别为3和2次。而与此对应的再计算标准化频率为37和50，并非当初的40。因此，Chen & Baker（2010：32）认为标准化频率在选取词块时值得商榷，标准化的阈值在转化为初始频率时受语料库规模的影响，偏失预期的公平客观性，并建议同时报告标准化频率和初始频率。

词块覆盖面的选取旨在降低单一文本使用某词块的特殊性，但是也没有统一的标准。Biber & Barbieri（2007）选择三至五篇文本作为适宜覆盖面，而Hyland（2012b）则采取10%的浮动范围作为词块覆盖面。在最近一项历时研究中，Hyland & Jiang（2018）选择以10%的浮动范围而非三至五篇的固定范围作为词块覆盖面，因为百分比的浮动范围能够保证词块在历时语料库各时间段子库中覆盖面的一致性。

学术语篇研究经常比较不同语料库之间的词块分布，因此我们有必要强调此类研究需谨慎使用词块的标准化频率。Cortes（2002，2013）也曾反复指出通过常见的标准化频率比较不同语料库之间的词块使用频率是不可靠的。Cortes（2002）在400万词符学术文本语料库中检索每万词20次且出现在五个以上文本中的词块，共找出75个词块；然后再将该语料库分成两个约200万词符的子库，并在其中一个子库中按照同样的标准找出84个词块。结果发现，两次实验结果中仅有56个共同的词块，400万词符语料库的词块中有19个不在200万词符的子库中，而子库含有28个独有的词块。详见表4.7。可见，根据标准化频率，略小的语料库包含的词块很可能多于较大的语料库，因为在略小的语料库中，词语链接并不需要多次反复出现即能满足设定的标准化频率。鉴于此，Hyland & Jiang（2018）采用百分比率衡量了词块在不同的历时学术论文语料库中的差异和变化。

表 4.7　400 万词符语料库与其 200 万词符子库的词块比较

	词块总数	各自独有的词块	共同的词块
400万词符语料库	75	19	56
200万词符词子库	84	28	

分类是词块研究的另一重要问题，通常包括结构与功能的分类。

就结构分类而言，Biber *et al.*（1999）列举了12个种类的词块结构，包括人称代词+实义动词+补足语（如I don’t know what）、代词+be动词+其他（如it was in the）、介词+名词成分（如as a result of）和it+形容词+补足语（如it is possible to）等。Biber *et al.*（2004）又将词块类别修正为17种，并将其重新划分为动词短语成分、从句成分、名词短语和介词短语成分三大类，详见表4.8。

表 4.8 词块的结构类型（Biber *et al.* 2004）

1. 包含动词短语成分的词块
1a.（连接词+）第一、第二人称代词+动词短语成分 例：you don't have to、I am not going to、well I don't know
1b.（连接词+）第三人称代词+动词短语成分 例：it's going to be、that's one of the、and this is a
1c. 话语标记+动词短语成分 例：I mean you know、you know it was、I mean I don't
1d. 含有非被动式动词的动词短语 例：is going to be、is one of the、have a lot of、take a look at
1e. 含有被动式动词的动词短语 例：is based on the、can be used to、shown in figure N
1f. yes-no问题成分 例：are you going to、do you want to、does that make sense
1g. wh-问题成分 例：what do you think、what does that mean
2. 包含从句成分的词块
2a. 第一、第二人称代词+从句成分 例：I don't know if
2b. wh-从句成分 例：what I want to、what's going to happen、when we get to
2c. if从句成分 例：if you want to、if you have a、if we look at
2d.（动词或形容词+）to从句成分 例：to be able to、to come up with、want to do is
2e. that从句成分 例：that there is a、that I want to、that this is a

（待续）

（续表）

3. 包含名词短语和介词短语成分的词块
3a.(连接词+)含有of短语成分的名词短语 例：one of the things、the end of the、a little bit of
3b. 含有其他后置修饰成分的名词短语 例：a little bit about、those of you who、the way in which
3c. 其他名词短语表达片段 例：a little bit more、or something like that、and stuff like that
3d. 介词短语表达片段 例：of the things that、at the end of、at the same time
3e. 比较类表达片段 例：as far as the、greater than or equal、as well as the

基于T2K-SWAL语料库的课堂话语与教材子库和自建的学术论文语料库，Biber *et al.*(2004)发现课堂话语中词块使用频率最高，约为学术论文的三倍、大学教材的四倍。但是就结构类型而言，课堂话语中三类词块的比例基本均衡，各占约三分之一；教材和学术论文中名词短语词块占绝大比例，动词短语词块不足六分之一，且含有从句成分的词块比例最低。Biber *et al.*(2004)进一步发现，课堂话语中与从句相关的词块多含有陈述句和疑问句成分，同时与名词短语和介词短语相关的词块出现的频率也较高。由此可见，课堂教学在很大程度上依赖词块形式的话语片段来讲解学科概念和传授知识。相比之下，教材使用词块较少，或许是因为教材编写者倾向于使用更为完整的句子和表达方式，也可能是由于教材编写不受面对面交流的认知限制，进而有充足的时间选取多样化的语言使用。

Hyland & Jiang(2018)发现，在过去的五十年间，包含名词短语的词块在学术论文中尽管呈下降趋势，但仍然是学术语篇词块的主要形式。

而动词短语的词块逐年增长，从句相关词块的使用则几乎保持平稳不变。

关于词块的功能分类，虽然不同学者提出不同的划分方法及名称，但基本上都是根据系统功能语言学关于语言的三大元功能展开的。例如，Biber *et al.*(2004)将词块的功能分为立场功能、篇章组织和信息指示三个方面，Hyland(2008b)提出按照人际导向、文本导向和研究导向的功能分类。由此可见，上述三分法大体上分别围绕人际功能、篇章功能和概念功能展开。

Biber *et al.*(2004)和Hyland(2008b)的功能分类是学术语篇研究应用最为广泛的框架。在Biber *et al.*(2004)的功能分类中，立场功能指作者对观点和信息的态度和评价，包括认知立场和态度或情态；篇章组织指上下文语篇的组织关系，包括话题导入和话题阐释；信息指示用于提及现实或抽象事物或者指示文本语境，包括聚焦、概指、具体说明、时间地点，详见表4.9。

表 4.9 Biber *et al.*（2004）的词块功能分类

类别	子项	实例
1. 立场功能	认知立场	I think it was you know what I are more likely to the fact that the
	态度/情态	if you want to what do you want you need to know it is important to I was going to not going to be to be able to can be used to

（待续）

（续表）

类别	子项	实例
2. 篇章组织	话题导入	take a look at in this chapter we
	话题阐释	on the other hand know what I mean
3. 信息指示	聚焦	is one of the and this is a
	概指	or something like that and things like that
	具体说明	than or equal to the size of the in terms of the
	时间地点	in the United States at the time of the beginning of the

有意思的是，Biber *et al.*（2004）发现不同功能的词块在课堂话语、大学教材和学术论文中出现的比例差异较大。立场功能和篇章组织的词块在课堂话语中使用的比例较大，而信息指示的词块在教材和学术论文中的比重大幅增加。可见，教师在课堂教学时一方面使用词块组织教学内容，另一方面与学生进行口头互动并表达对知识的说教式见解。

Hyland（2008b）的词块功能分类更着眼于研究类体裁，如期刊论文、学位论文等，分为人际导向、文本导向和研究导向三类。人际导向指词块的使用涉及读者或作者本人，包括立场和带入；文本导向指贯连文本，谋篇达意，包括语意过渡、因果推论、组织和引导、搭建条件；研究导向指词块用于描述物质世界的行为与过程，包括地点、过程、量化、描述和话题，详见表4.10。

表 4.10 Hyland（2008b）的词块功能分类

类别	子项	实例
人际导向	立场	are likely to be、it is possible that
	带入	it should be noted that、as can be seen
文本导向	语意过渡	in addition to the、on the other hand
	因果推论	it was found that、these results suggest that
	组织和引导	in the present study、as shown in figure
	搭建条件	with respect to the、on the basis of
研究导向	地点	at the beginning of、at the same time
	过程	the use of the、the role of the
	量化	the magnitude of the、a wide range of
	描述	the structure of the、the size of the
	话题	in Hong Kong、the currency board system

Hyland（2008b）基于自建的电子工程、生物、商科和应用语言学期刊论文和硕博论文语料库，发现在多学科学术论文中文本导向的词块出现频率最高，其次分别是研究导向和人际导向的词块。在该语料库分析中，类属“硬学科”的电子工程和生物学使用研究导向词块的比例高于其他两类词块，而两个“软学科”中文本导向的词块频率最高。Hyland（2008b）认为这与两类学科的知识建构方式紧密相关。硬学科学术论文侧重描写实验观察和物质世界的结果，所以此类学科论文的词块常常描述研究物体的属性、方法流程和研究环境。相比之下，软学科以话语论辩和主体评价为主要知识呈现方式，语篇的说服力建立在逻辑推理和文字阐述之上，因

此所用词块更大程度上是帮助作者衔接语篇片段，引导读者理解文本意义。然而，从历时角度观察词块的功能使用，Hyland & Jiang(2018)发现，硬学科降低研究导向词块的使用，而不断增加人际和文本导向词块，以迎合大众读者的交际和互动需求；软学科则伴随着实证研究范式的日益加深，逐渐增加研究导向词块的使用。

4.3 基于语料库的定量与定性研究

通过以上各个章节和相关文献，我们看到语料库在学术英语研究中发挥着重要的作用。一方面，语料库在丰富的语言事实基础上呈现学术语言的本体特征，包括词汇、短语和句式结构；另一方面，语料库为学术英语教学提供教学依据和资源。这种双重目标充分体现语料库在学术英语乃至更广泛的语言研究中的价值。正如Rundell(1996：4)所言，“大规模真实语料已从语言研究的边缘位置转移到了中心地位，并成为语言研究的基本资源”。语料库是第三人视角的观察数据，通过收集语言实例样本，描写真实学术语篇中使用者的语言选择和分布规律。De Beaugrande(2002)认为，语料库描写的深度(即语言描写的精度)和广度(即能够描写语言的素材数量)是基于语料库相关分析的两个重要问题，并依此进行定量和定性研究。

不言而喻，语料库揭示的最直接信息是语言使用频率和规律的定量数据，呈现语言选择重复性、规律性的一般特征。然而，基于语料库的学术语篇研究也受到了一些批评。一方面，语料库词语索引常常限制于自下而上、碎片化的词项分析，与学术英语惯用的体裁分析背道而驰(Swales 2002a)。体裁分析采用自上而下、基于过程的路径，通常以篇章宏观结构为出发点，关注主体单元而不是句子层面的词汇语法特征。另一方面，这也是语料库语言学经常面对的质疑，即对文本的语境意义关照不足。

Widdowson（2000：7）提出，“语料库是意义实现的文本痕迹，无法解释话语建立过程中语言和语境之间的相互作用，生成的不是语言使用的人际互动描述……语料库解决的是文本证明，而非语境描写”。因此，Aston（1995）和Widdowson（2000）等称之为脱离语境的语言（decontexualized language），认为“语料库索引将语言实例剥离于每一个原始的交际情境，难以反映意义协商的语用含义”（Aston 1995）。Tribble（2002：134-135）指出“文本可以移动，但语境不能随文本而迁移”。Hunston（2002）也表示，索引行解读缺少社会文化语境的输入，这或许是语料库分析所面临的最严重问题。

因此，Widdowson（2000：7）表示，若要真实地充分反映语言使用的实际，则需要将索引和频率的文本发现进行语境重置（recontextualized）。正如Myers（1999）所言，不应该将互动本质的语篇“去物质化”（dematerialization），将其简单地视为可检索的一组语言特征，而是要把语篇“再物质化”（rematerialization），将参与者带回文本，试图还原真实语境下的话语交际。在Widdowson（2000）看来，语境重置的关键是重建第一人称认知（reality of first person awareness）。同样，Myers（1999）认为，重置语境也就是文本目的、功能和感知的再物质化。正如我们在前面谈到的，语料库描述的是第三人称观察数据，无法呈现第一人称的内省认知。换句话说，语料库告诉我们人们写了什么，但是不能告知人们知道什么以及写文字的时候在考虑什么。这就需要我们在进行基于语料库的学术英语研究时通过定性研究方法，将语料库定量数据结果再语境化。梁茂成（2010）认为这是理性主义与经验主义相互融合的必然产物。

Labov（1971：478-479）很早就指出，有效的语言研究应该是汲取不同类型的数据和方法，因为不同的数据和方法具有不同的信息挖掘和贡献，相互结合与弥补的互证有助于增强研究结论的信度和说服力。因此，基于语料库的定量观察有必要与基于直觉和内省的定性分析结合与互补。

定量信息帮助我们直观而广泛地认识语言问题，定性分析可以帮助我们更加深刻地认识语言问题。就语言研究的深度和广度而言，二者各有所长：定量分析从广度对语言多方面加以描写，定性分析从深度阐释产生语言选择和规律的原因；定量研究通过大量的数据报告语言使用的规律，而定性研究则对定量方法所揭示的语言规律和趋势作深度解读，两种研究方法相辅相成。接下来，笔者将集中关注学术英语领域学者建议的定性研究方法（Bhatia 2004；Flowerdew 2013b；Hyland 2016a），讨论基于语料库的定量与定性研究路径。

Hyland（2016a）列举了学术英语常用的定性研究方法，包括类属诱导法的访谈、焦点小组以及类属内省法的有声思维、日志。Flowerdew（2013b）则以第一人称认知视角将上述方法按目的、用途重新归类。当然，我们也可以通过量化的调查问卷了解目标对象的态度与认知，用以补充语料库分析结果。例如，胡春雨（2012）通过调查多个学习者口笔语语料库和16名受试者产出的口笔语语料，考察了中国英语学习者义务型情态词的使用特征，并结合问卷、访谈等方法探讨了其产出的原因。语料库定量结果表明，中国高水平英语学习者在七个情态词的使用上与本族语者相比存在严重的偏离；不同水平组的学习者在义务型情态词的使用上大体接近，但高水平英语学习者表现出很强的少用must的倾向；上述情态词的使用存在一定的个体差异。通过问卷和访谈的调查发现，义务型情态词自身的特性以及情态教学的失误是出现上述现象的外因，而汉语情态系统的迁移、学习者的二语水平、对输入进行加工的普遍原则及变异则是出现上述现象的内因。

Bhatia（2004）建议从语句文本、社会认知、人际互动和社会文化四个层面全面解析语篇特征，并提出多层面–多维度的语篇分析框架（如图4.8）。该框架的理论结构是，语料库在语句文本层面提供重要的定量信息，定性研究方法旨在挖掘社会认知、人际互动和社会文化层面的信息知识，在相互作用下协助阐释第一个层面的语料库定量数据。该框架不仅清晰地归位了定性研究方法的信息功能，而且描述了定性方法与定量发现的关系。

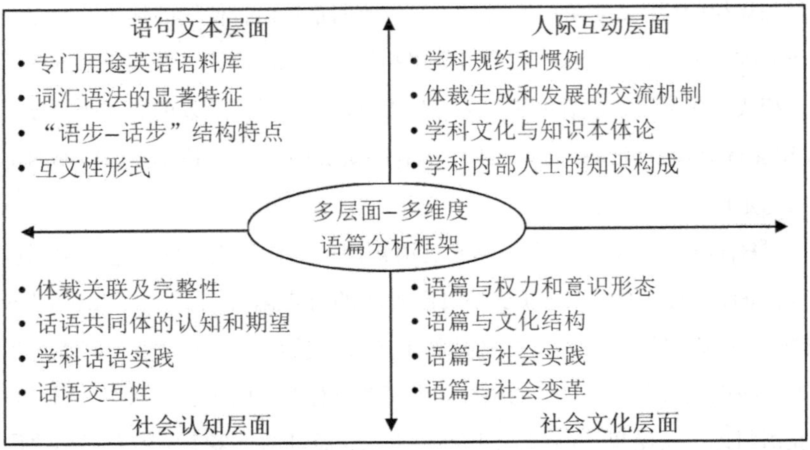

图 4.8　多层面–多维度的语篇分析框架（Bhatia 2004：189）

在上述诸多定性方法中，访谈是学术语篇分析中运用较广的方法。研究通常采取“基于语篇的访谈”来调查语篇作者的语言选择和策略运用的隐性知识和实践认知(如Hyland 2005c；Jiang & Ma 2018a)。Lancaster (2016)提倡运用基于语料库的文本分析来确定访谈的内容，这有助于研究者不会错失直觉难以捕捉但有研究意义和考察价值的语言选择。他考察了一名哲学专业高年级本科生的写作文本，语料库频率数据表明该学生在课程论文中反复使用了认知立场标记语，且该立场标记符合哲学论辩的规则与效用，但是在访谈中，该学生与其导师都没有意识到该立场标记的频率与规律。可见，语料库能够帮助我们有效地识别难以发现的语言选择以及隐匿的使用规律。不可否认的是，我们在通过质性研究挖掘语言选择和使用的第一人称意识时，关键的一步是要找到细微的修辞策略和语言特征。语料库分析提供语言所使用的“归纳统计的数据”，帮助组织访谈的提示和问题，特别是基于语篇的访谈，增强“言语数据回溯描述”的客观性（Lancaster 2016：143）。

在最近的一项学术语篇研究中，Jiang & Ma（2018b）通过基于语料库的定量与定性方法考察了教育学博士研究生在开题报告中“读者带入”（Hyland 2005c；Hyland & Jiang 2016）的使用特征，旨在探究博士生运用读者带入互动特征的写作表现与主体认知。他们自建了包含十篇博士开题报告的约30万词符小型语料库，然后检索读者带入的语言特征。语料库分析数据表明，相比于教育学期刊论文，博士研究生少用指令语、知识诉求、修辞问题和插入语，而多用读者指称。在读者指称类别中，博士生使用we、our和us的频率远远高于you。以上述各类读者指称作为访谈提示时，一位博士生说道，“我认为评委应该不喜欢我使用you，因为听上去有些失礼”；另外一位博士生说道，“我比较谨慎使用you，因为比较口语化”；还有博士生表示，“我尽量不用you，用它好像中学生在和老师谈话”。另外一个有意思的发现是，当诉求共享知识时，博士生多选择逻辑推理的共享带入，少用研究条件和学术传统方面的带入手段。在根据该类共享知识的语言特征进行的“基于语篇的访谈”中，博士生表示，“我是教育学领域的一个新手，所懂内容还很不足，所以依赖学术传统和研究条件是有风险的”。通过以上几例语料库定量结果与定性考证的补充信息，我们看到基于语料库的定性方法可以帮助揭示语言运用第一人称的认知和理解，对语料库的定量数据给予语境重置，让我们更全面地了解语言选择和使用的表现和认知。

另外一个比较有代表性的与语料库结合的质性研究是Dressen-Hammouda跟踪地质学学者立场标记和身份建构发展变化的系列研究Dressen-Hammouda（2014a，2014b）。首先，Dressen-Hammouda（2014a）建立了野外地质学学科领域于1992年至2003年发表的140篇权威期刊论文语料库，并基于此语料库发掘了13个影响该行业学术文本建构的语言指标，将其归为人际类资源（如第一人称和评价形容词等）、实践类资源（如研究行为动词、方位副词等）和专业类资源（如地质年代描述、文献引用等），并列出各语言指标在语料库中出现的频率。为了获悉与行业相关语言指标的有效性和理据性，她回顾了地质学野外考察的历史史料，实地观察了野外地质研究者的实践操作，访谈了地质研究者的主观认知和地质学科学者职业发展的自述并邀请学科从业人员识判语言指标。通过上述质性方法，Dressen-Hammouda考察了语言指标在语料库中出现的不同频率（2014a）。接下来，Dressen-Hammouda（2014b）自建了源于地球化学、岩石学和构造地质学三个学科发表于1983年至2009年的88篇实地报告（field account）的小型语料库，他跟踪了其中一位作者在获得博士学位时和十年后发表的期刊论文（2000年和2009年），在调查了上述语言指标的使用变化情况后，发现该作者在十年间论文中变化最大的是人际类资源和专业类资源的使用，其中人际类标记高出该篇语料库均值的标准差，而专业类资源在标准差范围之内。然而有意思的是，通过与该作者基于语篇的访谈，研究者发现该作者并没有察觉2000年和2009年的论文在专业类语言指标使用上的差别，但他意识到了丰富评价形容词的使用带来的人际类资源的变化。可见，基于语料库发现的质化调查有助于研究者更好、更全面地解读语料库的量化结果。

在本章中，我们看到语料库分析通过不同的语言特征揭示学术英语的各种语篇表象和特点。索引、搭配和词块是基本且最常见的语料库研究手段，它们展现了学术文本词语选择的语篇语境以及表达词语使用的交际功能。然而，为了更具体地展示学术语境和体裁要旨，学术英语研究中使用的语料库趋向学科导向性强的小型语料库。语料库有助于我们观察语篇作者潜意识语言选择显示出来的学科话语规律和语境关联。语境问题一直是语料库研究面临的争议之一。尤其是基于语料库的学术语篇研究，被认为缺少第一人称主体视角。基于此，本章还对语境重置的方法进行了讨论，论述学术英语通过多方法、宽路径的基于语料库定量和定性的方法挖掘学术语言使用的频率和影响因素。

第五章 学术英语语料库研究案例

在本章，笔者将以两项前期研究成果为案例，完整展示学术英语语料库研究。第一项是以立场名词为焦点，对比本族语者和二语学习者的学术论文语料库[1] (姜峰 2015b)；第二项是基于学术英语历时语料库，考察元话语在期刊论文语篇中近五十年的使用变化[2] (姜峰、Hyland 待刊)。正如我们在前面章节中谈到的，学术立场和元话语是学术英语语料库研究的热点，本族语者和二语学习者语料库是学术英语语料库的常见类型，历时考察是学术英语语料库研究的一个重要前景。此外，两项研究还体现了索引在基于语料库的学术英语研究中的应用。

5.1 基于学术论文语料库的立场名词研究

5.1.1 引言

正如我们前面谈到的，大量的学术英语语料库研究热衷于挖掘学术语篇中人际互动的语言表象和证据，探索语篇作者与读者之间是如何建立协商一致的人际关系的。立场评价功能是学术语篇中人际功能尤为突出的修辞策略。因此，大量研究从不同角度考察了立场评价功能，譬如，

1 本案例论文发表于《外语与外语教学》2015年第5期，8-14页。

2 本案例论文发表于《外语教学》，待刊。

词块（Biber & Barbieri 2007；Hyland 2008b）、元话语（Ädel 2006；徐海铭 2004）、评价及模糊语（Hyland & Milton 1997；赵晓临、卫乃兴 2010）等。就词汇资源而言，我们在之前也讨论过，文献中调查最为密集的是动词和形容词等人际意义资源，但是却忽视了名词的立场评价功能与人际意义（Holmes 1988；Charles 2007）。本研究基于中美大学生论说文文本语料库，以“名词+补足语从句”结构为切入点，考察名词的立场评价功能以及不同学习者的学术劝谏能力。

5.1.2 “名词＋补足语从句”结构与立场名词

在“名词+补足语从句”结构里，中心名词后跟随“that从句”“of doing”“to do”或“介词+what/which等疑问词引导的从句”，例如：

（1）The opposition offers a *weak* **argument** that the rights of employers and insurance companies should be paramount to the rights of people who are afflicted with AIDS .〈美〉[1]

（2）And students can have the **benefits** of using E-dictionary in a proper way.〈中〉

（3）Therefore it is *our* **responsibility** to respect and protect the privacy of famous people.〈中〉

（4）Since a religious activity was permitted to occur on public school grounds after classes finished, there should not be a *great* **controversy** over whether students could utilize time after school to form a prayer group, a Bible or Koran study group.〈美〉

1　本案例对例句进行标注。**加粗**为立场名词，下划线为立场名词表达的内容，*斜体*为前置修饰语，并以尖括号加注语料来源：〈美〉表示美国学生论说文，〈中〉表示中国学生论说文。本案例例句选自LOCNESS和WECCL。

Winter（1982）认为，此结构的中心名词内容不具体，它们需要在其后的补足语从句中实现语义具体化（lexicalization）。如例（1）中，argument含义不具体，我们不知道具体的“论点”是什么。从语篇加工的角度来看，作者需要通过上下文提供argument的具体含义，即补足语信息揭示了argument的具体内容：“the rights of employers…afflicted with AIDS”。与此同时，作者选用argument而没用idea或belief，表明他认为从句中的信息是一个争论中的主张，并不是某人独自的主观想法。也就是说，在实现语义具体化的过程中，中心名词表达了作者对补足语信息的立场和视角，因此本研究称之为立场名词。再如例（2），benefits通过“of doing”提示具体内容，同时该词表达了作者对使用电子词典的肯定态度。此外，从信息处理过程的角度审视立场名词结构：读者先接触立场名词，然后再读取该名词的所指内容，这样一来，立场名词强化了作者态度立场的语用预设（程晓堂 2003），从而在作者劝谏作用下使读者融入作者的立场与视角（Hyland & Tse 2005b）。由以上四例，我们还看到作者可以通过加载不同的前置修饰语以增强其立场表达。如例（3），作者不仅认为“尊重和保护名人隐私”是一种责任，而且将之归属为“我们的”，以体现作者对该责任的承担意愿。例（4）中，作者不仅视从句信息为一个争论，同时通过great一词增强该争论的广泛性。

名词的立场建构过程同时也是名物化的过程（Halliday & Matthiessen 2013），即把句子中的事件、动作或特征转换为名词化的事物。如例句（1），事件“雇主和保险公司的权益高于艾滋病患者的权益”被名物化为一个名词argument。通常情况下，事件由包含“施为者和动作”的句子进行描写，Halliday & Matthiessen（2013：710）称之为“一致式”的语言形式，但在这里事件却被包裹名物化为一个名词。名物化是一种非一致式的“语法隐喻”（grammatical metaphor），它是“学生在日常生活和会话中难以遇到的”“涉及高年级的学术学科话语”（Halliday & Matthiessen 2013：709-710），因此关系到高级的学术语用能力。此类名物化过程对二语学习者写作输出造成一定的困难（Flowerdew 2006；Moreton & Nesi 2013），值得我们进行深入探讨。

综上所述，立场名词结构为语篇提供了丰富的立场建构潜能。作者通过选择不同的立场名词，可以表达补足语内容和信息的立场和评价。由于“名词+补足语从句”结构的特点，作者可以加载其立场的语用预设，潜移默化地将读者带入自己的立场观点中，从而增强论说效果和劝谏力度。本研究拟探讨中美学生在使用立场名词及其补足语结构和前置修饰语方面存在的差异，进而对差别的原因和教学启示进行讨论。

5.1.3 语料和方法

本研究依据本族语者语料库和二语学习者语料库，从LOCNESS中选取82篇美国大学生论说文(共95,277个词符)，从WECCL（Written English Corpus of Chinese Learners），即中国学生英语笔语语料库中选取366篇中国英语专业本科学生论说文(共97,303词符)。语料共计192,580词符。本研究选取不限时写作文本，因为不限时更能代表学生在自然环境下的写作输出。尽管两个语料库在单篇文本长度方面存在差异，但它们的可比性在于有共同的话题。语料文本经过CLAWS7词性标注后运用AntConc3.4进行基于“名词+补足语从句（that从句、to do、of doing和介词+疑问词引导的从句)”结构的正则表达式检索，对满足条件的索引行进行反复浏览以观察立场名词的特点并给予分类(如表5.1)，此后通过MAXQDA软件，根据表5.1的分类人工标注索引行的立场名词类别。此外，本研究将立场名词前置修饰语限定在态度性评价和自我提及并进行标注，因为这两种修饰语是典型的立场标记途径（Hunston & Thompson 2001；Hyland & Guinda 2012）。

经过反复观察索引行中的立场名词，本研究发现它们或是标明事物(件)的本质，或是描述事物(件)的特征，或是表达事物(件)之间的关系。当立场名词标明事物(件)本质时，或是指当前语篇的元文本，例如essay、 report或paper；或是指事件和过程，例如change、process或evidence；或是指言语表达，例如argument、claim或conclusion；或是指认知和观点，例如decision、idea或doubt。当立场名词评判事物(件)特征时，可能是表达对事物(件)的赞赏或批评，例如advantage、difficulty或value；可能是描述事件发生或事物形成的方式或情境，例如time、way和extent；也可能在认知、任务或动态情态(参照Palmer 1990)方面对事态进行判断，例如possibility、choice或ability。此外，在有些情况下，立场名词表达事物(件)之间的因果、相似性等关系，例如reason、result或difference。

表 5.1　立场名词的功能分类

本质		
子类	描述	举例
事物	当前语篇的元文本	essay、report、paper
事件	事件和过程	change、process、evidence
话语	言语表达	argument、claim、conclusion
认知	认知和观点	decision、idea、belief、doubt
特征		
子类	描述	举例
品质	赞赏或批评	advantage、difficulty、value
方式	事件发生或事物形成的方式或情境	time、method、way、extent
状态	认知、任务或动态情态判断	possibility、choice、ability
关系		
子类	描述	举例
因果、相似性等	因果、相似性等关系	reason、result、difference

通过表5.1的功能分类，我们可以看到语篇作者通过选用不同的立场名词表达其对从句传递的物质信息和知识世界的本质界定、特征评价和关

系描述，体现了作者的“认知”和“情感”立场（Biber & Finegan 1989），即评判知识信息的来源、可靠性以及表达自己的态度和情感。

5.1.4 结果与讨论

5.1.4.1 总体特征

研究共发现957例立场名词结构，平均每万词49.7例。中国学生使用立场名词结构的频率显著少于美国学生(每万词45.6例对比53.9例，log-likelihood=0.90，$p<0.01$)。接下来，笔者将分别介绍中美学生在立场名词、“名词+补足语从句”结构、语篇层面和前置修饰语方面的差别。

第一，立场名词。

尽管中美学生在类符/形符比方面没有太大的差异(中国学生0.26对比美国学生0.28)，但是他们在立场名词类别方面差异显著，如表5.2。表5.2描述了中美学生立场名词使用的类别分布和频率(每万词)以及每类名词占全部立场名词的比例。

表 5.2　中美学生使用立场名词的类别分布和每万词的频率（全部百分比）

每万词 （名词占全部立场名词的比例） （全部百分比）	美国学生	中国学生
本质	**28.4 (52.8)**	**17.2 (37.7)**
事物	0.1 (0.1)	0 (0)
事件	12.1 (22.5)	7.4 (16.2)
话语	6.1 (11.3)	2.9 (6.4)
认知	10.2 (18.9)	6.9 (15.1)

（待续）

（续表）

每万词（名词占全部立场名词的比例）（全部百分比）	美国学生	中国学生
特征	**21.7（40.4）**	**27.3（59.8）**
品质	3.0（5.7）	3.6（7.9）
方式	7.0（13.0）	9.2（20.2）
状态	11.7（21.7）	14.5（31.7）
关系	**3.6（6.8）**	**1.1（2.5）**
总计	**53.7（100）**	**45.6（100）**

如表5.2所示，在本质类别中，除事物子类外，中国学生在事件、话语和认知子类立场名词使用上均明显少于美国学生。中国学生论说文每万词中含有7.4个事件类立场名词，相比之下美国学生写作中含有12.1例（LL=1.25，$p<0.01$）；类似地，中国学生使用的话语类立场名词和认知类立场名词分别只有2.9个和6.9个，明显少于美国学生的6.1个和10.2个（LL=1.23，$p<0.01$；LL=0.71，$p<0.01$）。中国学生较少使用本质类立场名词，可能是因为使用第二语言去定义物质信息和知识世界对他们来说需要更强的语言能力，但是就论说文体裁而言没有充分突出事件、话语和认知，立场名词不利于他们构建论点以达到有效论说的目的。论说文体裁“以劝说和阐释为本质，在呈现事实的基础上加以说明、分析和解释，以达到论说论点的目的”（Altenberg & Tapper 1998：83）。可见，事实事件、话语行为和认知观点是论说文体裁中所被期望出现的。美国学生在建构论点时凸显事件、话语和认知类立场名词，从而强化事实呈现和观点论述。例如：

（5）By using a case study conducted in 1970, the supporters of censorship strengthen *their* **argument** about how impressionable young people are because programs in 1970, while maybe not all fit for children, were still censored ten times more than the shows of today.〈美〉

尽管中美学生在特征类立场名词使用上无明显差别，但是特征类名词占中国学生写作立场名词的比例最大，而美国学生使用最多的是本质类立场名词。这或多或少反映出中国学生倾向加载态度情感的评价。例如：

（6）At last, it is *our* **loss** that we can't get the pleasures they should have produced to us.〈中〉

（7）With these three **advantages** of reading a book, you may support my opinion that books will never be substituted by internet.〈中〉

至于关系类立场名词，中国学生使用的数量约为美国学生的31%（LL=1.45，$p<0.01$）。谈论事物或事件之间的关系有助于延展讨论内容，拓宽话语空间(如以下例句所示)。但是中国学生较少使用立场名词结构描述事物(件)之间的关系，这无疑会减少他们扩展观点的机会。

（8）The supporters then stress that nuclear power is very cost efficient in the long run, and the **reason** that it requires such a huge capital investment is because it will then run safely and efficiently for many years.〈美〉

（9）Once again, the **consequences** of giving a child back to the biological parents vary from one family to the next. Proponents attempt to generalize, and by not realizing that there are going to be differences in each cases [case], their claim is weakened.〈美〉

中美学生在立场名词的词汇使用范围方面也存在较大的差异。如表5.3所示，中美学生论说文在立场名词类符频率分界点上显示出不同的数量。在第一个分界点(频率超过60次)，中国学生使用单一立场名词的频率达到67次，占所有立场名词的15%；而美国学生没有如此过于依赖某一立场名词。然而，在较低频率的分界点，美国学生几乎都使用更广的词汇范围，而且这一趋势越往下越明显。这表明中国学生使用的立场名词范围很小，因而反复、高频率地使用有限的熟悉词汇。例如，美国学生写作中共有18种话语类立场名词；而中国学生文章中仅有7种，其中使用频率最高的conclusion达21次，占整个话语立场名词的75%。

表5.3 中美学生论说文中立场名词的词汇数量

	美国学生	中国学生
超过60次	0	1
50至59次	1	0
40至49次	1	0
30至39次	1	1
20至29次	0	3
10至19次	8	7
5至9次	11	9
2至4次	48	31
1次	74	64

Hasselgren(1994)将二语学习者使用最为熟悉且得心应手的词汇的现象称为“词汇泰迪熊”(lexical teddy bear)现象。在本研究中，中国学生使用的与论说文相关的五个最常见立场名词是conclusion、opinion、 idea、view和thought；相比之下，美国学生使用最多的是idea、argument、claim、debate和opposition。不难看出，中国学生最熟悉、最常见的"泰迪熊"词汇含义笼统，缺乏言语行为效力(illocutionary force)。在此基础上建立的讨论和阐释难以获得语用和修辞上的延展。相反，美国学生的词汇更加具体并富有言外之意，这能够延伸他们的观点和扩展论证空间。试比较下列几句：

(10) Nowadays, some may hold the **opinion** that education is a life-long process. 〈中〉

(11) The **debate** over whether or not Marijuana should be legalized has been around since the sixties, and people today are realizing that it is certainly an issue that will not go away. 〈美〉

(12) Advocates could strengthen their argument by addressing the *opponents'* **claim** that quotas reinforce black failure. Proponents need to argue that the effects of discrimination without quotas would be worse than the minor failures that occur because they are expected to. 〈美〉

(13) As to this problem, we should teach people that the development of our country relies on education and enfore [enforce] compulsory education, we should always hold the **view** that wherever we stay, or whenever we are, we ought to obtain knowledge to improve ourselves. 〈中〉

第二，"名词+补足语从句"结构。

研究发现，补足语从句的四种形式(that从句、to do、of doing和介词+疑问词引导的从句)在中美学生论说文中出现的频率不同，见图5.1。两组学生使用to do和of doing没有显著差别，但是中国学生在that从句和介词+疑问词引导的从句使用上明显少于美国学生。美国学生共使用188个that从句和77个介词+疑问词引导的从句，而中国学生却只有

130个that从句和16个介词+疑问词引导的从句（LL=11.89，$p<0.01$；LL=44.82，$p<0.01$）。

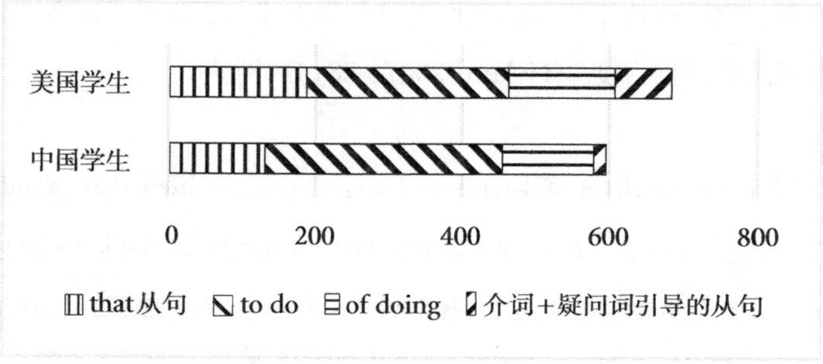

图 5.1　中美学生论说文中立场名词句型结构差异

虽然四个从句类型都伴随名物化过程，但是它们涉及不同的句法复杂性和语言能力。在to do和of doing句中，名物化的是一个不包含施事主语的动作；而that从句和介词+疑问词引导的从句名物化的是一个含有施事主语和动作的事件，这便需要更为复杂的语言使用和较强的语言能力。试比较：

（14）This demonstrates *the powerful's* **ability** to dictate the people in the society's values and behaviors.〈美〉

（15）At the same time, we contribute to the **movement** of protecting environment.〈中〉

（16）There should not be a *great* **controversy** over whether students could utilize time after school to form a prayer group, a Bible or Koran study group.〈美〉

第三，语篇层面。

研究发现：在语篇层面上，美国学生往往将事件类立场名词结构与话语或认知类立场名词结构相结合，从而使事实事件为话语论述和认知观点提供论证言据。这样不仅有助于作者进行观点建构，而且“更易于读者接受作者观点的证据力度”(Hyland 2007：281)。例如：

（17）The main claim of deterrence focuses upon the **idea** that an individual is less likely to commit a serious crime when he or she is aware that the resulting penalty may be death. It is a *known* **fact** that for most people, the biggest fear in life is the fear of death.〈美〉

（18）Some poll writers had a *good* **argument** that Florida State could have jumped Alabama in the polls because near the end of the regular season, Alabama struggled to the Florida Gators, a team that Florida State dismantled a week earlier. But the poll writers couldn't overlook the **fact** that Florida State had one loss while Alabama was still undefeated.〈美〉

相比之下，中国学生常常缺乏对观点和论说的证据支持，进而使论述成为主观空谈。不难想象，这样的论述结论牵强且缺乏说服力，而且在一定程度上背离论说文的体裁规约和读者期望。论说文要求读者在摆事实的基础上讲道理，述观点。以下片段是中国学生论说文中的典型情况：

（19）Some people who don't agree this opinion may mistake the definition of education. They think that education only means studying in school. With leaving the school, the education stops. But as long as there existing [exists] new things we don't know, we need to learn.

So, I can draw the **conclusion** that education is a life-long process, and it's more of a case of making my schooling a part of my education. I never stop to learn. 〈 中 〉

第四，前置修饰语。

研究发现在态度评价和自我提及的前置修饰语方面，中美学生也存在明显差异。如图5.2所示，中国学生使用态度评价修饰语的数量是美国学生的两倍（LL=7.53，$p<0.01$），在自我提及（my和our）方面，中国学生文章中存在的数量是美国学生的九倍（LL=21.58，$p<0.01$）。

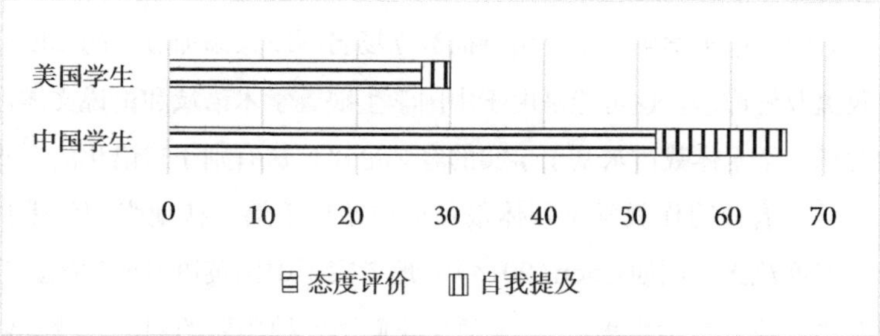

图 5.2 中美学生论说文中立场名词的态度评价及自我提及修饰语数量

与立场名词本身相比，态度评价和自我提及更能体现作者的情感态度以及自己的话语声音。然而论说文并不期望过多的自叙式话语和情感劝说，而是要求客观的论说和阐释（Nesi & Gardner 2012；张凤起 2004）。因此，中国学生过多地加载态度评价以及过于频繁的自我提及会违背读者的期望，进而导致读者怀疑论说的可信性和说服力。以下情形在中国学生论说文中很常见：

（20）Corporation [cooperation] being called for furnishes children [with] *wonderful* **chance** to learn from their fellows, so as to improve themselves. 〈 中 〉

(21) All of us should take *our own* **responsibility** to balance the situation. <中>

(22) Taking into account all the factors above, I can arrive at *my* **conclusion** that high technology contributes [to] the improvement of our life. <中>

5.1.4.2 原因与讨论

为了更好地提出教学策略，本研究进一步讨论中国学生在立场名词使用方面存在问题的原因，但是由于本研究仅依靠语料分析而缺乏充分的实际写作语境考察，因此文中列举均为探讨性而非绝对性原因。

一方面，中国学生大量使用特征类立场名词以及添加过多的态度评价和自我提及修饰语。这可能是由于中国学生缺乏学术语域和论说文体裁的规约意识。学术体裁讲求基于事实的客观论述，这有别于口语化的自我陈述。此外，有些写作教学不顾体裁和语域差异千篇一律地强调学生自我表达和态度流露。例如Chen（2014）实地考察了中国英语专业学生读写能力，其中一位受访学生表示，“老师让我们用各种华丽的词汇表达我们的情感，这会让读者如沐春风”。

另一方面，中国学生的词汇量有限，且受母语影响，这或许导致他们不能充分地利用立场名词结构。中国学生写作输出性词汇范围狭小，往往使用熟悉且语义笼统的词汇，这使他们难以以一种强有力的语用方式定义物质信息，表述知识世界。此外，在立场名词结构中，立场名词的具体化信息随附在该词的后面是一种典型的英语句型；而汉语句式多习惯在中心词前面添加具体信息。这样的语言结构差异也会使得学生不适应此种句型结构。例如：在Many people have the **feeling** that work is more stressful and leisurely than in the past. 这个英文句式中，feeling的具体信息出现在该词的后面，而汉语句式的习惯是将具体化内容放置在中心词的前面，同样的信息则表达为“许多人有一种工作比以前压力更大、更随意的**感觉**”。

5.1.5 结语及教学启示

我们看到，立场名词结构为语篇作者提供丰富有效的立场资源，通过选择不同的立场名词，作者表达对从句物质信息和知识世界的认知视角和态度立场。该立场建构资源有助于作者搭建论点和扩展论证，进而将读者融入作者的论证立场。此外立场名词结构关系到学生较高层次的学术语用能力。但是本研究表明：中国学生，即使是英语专业高年级的学生，在使用立场名词结构表达立场时存在各种问题。在探讨问题原因的基础上，本研究提出如下几点相应的教学策略。

首先，学生需要扩大写作中立场建构的词汇资源。*Longman Language Activator*（《朗文英语联想活用词典》）是一部很好的参考工具，它的概念式设计基于英国国家语料库，给学习者提供"从基本笼统的词汇到语义具体的词汇选择"(Rundell & Ham 1994：174)。此外，写作教师有必要为学生展示立场名词结构带来的立场建构资源；参考本研究结果，让学生了解此结构的中英文句法差异以及中美学生所用词汇的差异。但是需要指出的是，我们也不是要一味地使用立场名词结构，而是要取决于特定的语域和体裁。例如，对话体裁不宜过多使用此立场标记结构。因此，写作教学要培养学生语域和体裁意识。学术语域和论说文体裁期望作者基于事实进行客观阐释，而叙事体裁会更期待作者的自我提及和态度情感的投入。

中国学生在使用立场名词结构中出现的错误分析没有在本研究中涉及，有待今后研究考察。另外，本研究就汉语对学生使用该结构的影响仅仅是揣测，因此今后研究亦可验证该结构中是否真正存在母语的负迁移效应。方法之一是可以考察立场名词结构的形式和频率在多国籍、多母语语族的英语学习者语料库中的差异。

5.2 基于历时语料库的学术元话语研究

5.2.1 引言

在前面章节我们反复谈到，元话语是学术英语语料库研究的热点。它泛指关于话语的话语，具体形式包括on the other hand、in other words、it is important that、in my opinion和obviously等词语，用以组织语篇，表达作者对话语内容的看法，将读者带入语篇，是有效建立人际互动的语言资源（Hyland 2005c；辛志英、黄国文 2010）。换句话说，元话语用于作者指称语篇、作者自身及读者的交际方式，联结语篇与语境，包括交际（interactive）资源和互动（interactional）资源两部分（Hyland 2005c, 2017），分别指作者构建语篇和表达自身立场、带入读者的话语手段。可见，它揭示出语言不仅描述世界，交换信息，而且还表达交际双方的立场、身份和社会关系（杨信彰 2007）。

透过元话语，我们观察到学术文本蕴含丰富的人际意义，特别是互动类元话语资源反映作者对所述概念信息采取的态度立场，表达特定的话语声音以及作者如何理解读者，引导读者，使之加入语篇建构，接受作者的学术观点。然而，现有文献多数是共时的截面研究：或者对比学术语篇的学科差异（Hyland 1998a），或者比较一语和二语作者的语篇差异（郭骅、马磊 2016），或者比较新手和资深学者的话语实践（Jiang & Ma 2018a），或者对比不同体裁的学术文本（辛志英、黄国文 2010）。少有研究对学术语篇元话语的使用进行历时考察，因此我们对元话语和动态学术语境之间的关系了解不足（朱永生 2005）。

本研究基于文理四个学科360篇学术论文的自建历时语料库（1965—2015），分析互动类元话语的使用呈现什么趋势，观察变化主要发生在哪些学科，进而从学科文化、社会语境等方面发掘上述变化的影响因素并探讨对学术英语写作的教学启示。

5.2.2 元话语与学术互动

学术语篇是知识传播和学术交流的重要媒介。随着功能语言学和科学知识社会学的发展，人们逐渐认识到它不仅传递科学信息，而且表达丰富的人际意义（Myers 1990；Thompson 2001）。文本的信度不仅来自科学发现的理性，而且更重要的是建立在作者阐述论证的话语说服力上。数据结果并非不言而喻，需要作者使用读者认可和信服的语言表达和话语方式把科学研究的理据和价值呈现在读者眼前，促使自己提供的信息能被读者理解和接受。正如Prelli（1989：100）所言，“只有当科学观点说得使人相信，才能产生效力”，而令读者认可的前提是作者在陈述观点时要遵循话语规约，与读者产生共鸣。劝谏和说服过程的直接表现是作者通过显性的语言手段介入语篇，组织文本片段，评价话语内容，让读者与作者站在一起构建语篇。

最为直接、显性的劝谏语言手段莫过于元话语。它是一个开放的集合概念，泛指语篇中用来协商互动意义、具有反身性的语言表达，使语篇观点更有可读性、更具说服力，作者据此以特定共同体成员的姿态与读者进行互动（Hyland 2005c，2017；杨信彰 2007）。尽管这一术语被广泛应用于学术语篇研究中，但是其以功能为导向的开放属性催生了不同的认知角度和研究路径。Ädel & Mauranen（2010）总结了广义和狭义的研究视角，前者认为语篇中用于组织、分类、解释和评价命题信息的语言形式皆为元话语，强调元话语的篇章组织和人际互动两种功能（如probably、it is important that等）；后者关注文本的自反性（reflexivity），强调元话语的篇章组织功能（如as mentioned above…、we shall explain this theory in three aspects as follows等）。广义视角涵盖文本、作者和读者，又被称为综合型（Mauranen 1993）、人际模式元话语（Hyland 2005a），而狭义视角又被称为仅关乎文本的非综合型（Mauranen 1993）、篇章模式元话语（Dahl 2004）。如前所述，元话语是联结语篇和语境的重要纽带，但语篇是作者与读者之间互动的产物。它并不是孤立静态的，而是体现社会行为和社会意义的建构过程。因此，元话语研究需要与其修辞语境联系在一起（Gillaerts & Van de Velde 2010；Mauranen 1993），而修辞语境同文本、文本作者以及文本读者密不可分（Kolln & Gray 2013）。所以我们认为，广义的人际模式元话语能够更好地展现修辞语境中作者和文本、作者和读者之间的关系。

根据元话语的篇章组织和人际互动功能，Hyland（2005 a）提出人际模式元话语包含交际和互动两类资源。交际类元话语是指作者围绕读者的需求组织构建语篇的手段；互动类元话语是指作者通过表达立场和评价，吸引读者共同论述与置辩，从而实现交际互动。相较于交际类资源，互动类元话语体现的是作者对命题内容和语篇读者的论调（Hu & Cao 2015），更能够反映出作者与话语共同体之间的辩证关系（Hyland 2012 c），从而更好地展现学术及社会语境的动态发展。互动类元话语包括表示模棱两可的模糊语、表示语气肯定的加强词、表示个人情感的态度标记、表示将读者带入文本的带入标记以及提及作者自己的自我指称语，详见表5.4。

表 5.4　互动类元话语的类别与功能（Hyland 2005a）

类别	功能	实例
模糊语	减弱作者对命题的确定	might、perhaps、possible
加强词	强调作者对命题的确定	in fact、definitely、must
态度标记	表达作者对命题的态度	unfortunately、I agree、surprising
带入标记	建立和读者的亲和关系	consider、note、you
自我指称语	提及作者自己	I、we、my、me、our

互动类元话语虽然不增加语篇命题内容，但帮助作者陈述、阐释和评价命题内容并引导读者接受作者观点。同时，元话语表现出极强的学科倾向，反映不同学科的话语实践与知识建构方式。例如，人文学科文本

使用互动元话语的频率高于理工学科，体现“软学科”以主体间论辩为主导的知识协商属性（Hyland 2005a）。元话语也表现出特定体裁和篇章结构的特殊性，其使用频率和范围受交际目的和目标读者群的影响。例如，Gillaerts & Van de Velde（2010）发现学术论文摘要比全文使用更多的加强词，同时少用模糊语，因为作者在摘要中充分肯定研究的价值和重要性以吸引读者兴趣和关注。可见，元话语既是命题内容的润滑剂又是话语实践的指示符：一方面帮助读者更好地解读语篇信息，使文本的命题内容产生更大的说服力；另一方面，通过互动元话语，我们不仅看到作者的语言选择，而且间接地观察到目标话语共同体的话语实践。

5.2.3 语料及研究方法

根据历时考察的研究目标，本研究在三个不同时间节点（1965年、1985年和2015年）自建了源于四个学科的学术论文语料库，学科分别为类属人文学科的应用语言学和社会学以及类属理工学科的生物学和电子工程学。研究根据ISI Web of Knowledge发布的期刊影响因子参数，选定每个学科五份创刊早于1965年的权威期刊，在三个时间节点随机选取六篇代表性论文，单独作者与合著撰写的论文选取比例各占50%。这样，语料库总文本数为360篇，总量约220万词符。语料库构成详见表5.5。

表 5.5 学术论文历时语料库的构成（词符）

学科 \ 时间节点	1965 年（语料库 1）	1985 年（语料库 2）	2015 年（语料库 3）
应用语言学	110,832	144,859	237,452
社会学	149,788	196,232	262,203
生物学	244,706	263,465	237,998
电子工程	92,062	97,545	235,681
共计	597,388	702,101	973,334

语料文本通过TreeTagger软件进行词性赋码，利用AntConc软件，通过正则表达式检索Hyland（2005a）列出的互动元话语标记。尽管文本互动和元话语策略是一个开放范畴，但是Hyland（2005a）的元话语标记列表提供给我们一个可以大规模搜寻显性语言标记并进行量化比较的途径。经过索引工具检索与手动复验，研究者可以得到元话语标记的初始频率，然后再进行标准化频率处理，进而分析互动元话语标记在时间和学科上的变化规律。

5.2.4 总体分布

在三个年份的语料库内，研究共发现78,979例互动元话语标记，但是如图5.3显示，在1965年至2015年间元话语呈现显著下降的趋势（约6.5%），由1965年每万词370.4例降至2015年的每万词346.2例（LL=60.52，$p<0.001$）。这一结果有些出乎意料，因为近年来大量的应用语言学和社会科学研究指出学术文本充满作者的积极介入和观点评价（Hyland 2004b；姜峰 2016）。但是，近五十年的历时研究数据表明，学术作者对于立场标记和读者带入的运用表现得越来越谨慎。他们逐渐降低了主观参与程度，减少了对读者的直白游说。

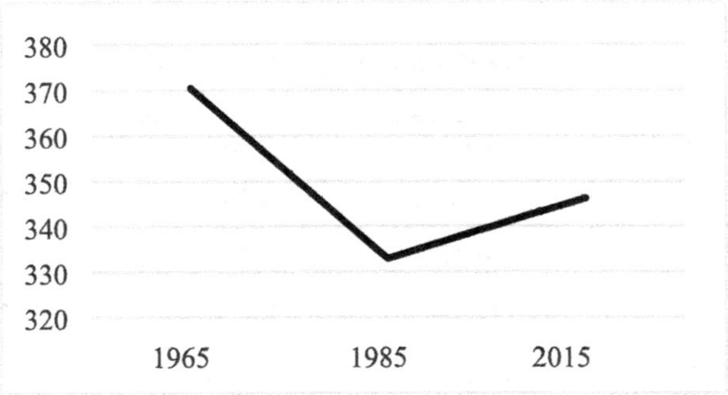

图 5.3 互动元话语的历时分布

表 5.6 互动元话语类别的历时变化（每万词频率）

类别 \ 时间节点	1965 年	1985 年	2015 年	变化率
模糊语	155.9	143.3	138.3	**-11.3**
加强词	86.2	65.6	67.4	**-21.8**
态度标记	32.1	29.2	24.8	**-22.7**
带入标记	46.1	44.4	40.3	**-12.6**
自我指称语	50.1	53.5	74.4	**48.5**

就具体类别而言(见表5.6)，下降幅度最大的是表达个人情感的态度标记与肯定判断的加强词，五十年间分别减少约22.7%和21.8%，这反映出学术作者话语实践的变化。虽说文本写作脱离不开作者的态度，但是这些数据显示，学术作者报告、阐述和评价物质世界与理论问题的写作实践正在发生改变。20世纪末，随着理性主义与经验主义的交锋更加激烈，科学信条和知识传播也在悄然改变，学者们认识世界、解决问题和提供答案的理念和方式也在发生变化(Trowler *et al.* 2012)。虽然自我指称语的频率增长了近50%，体现出作者在文本中明示身份的积极意愿，但是作者对学术立场和情感态度的把握与表达变得慎重了，降低了个人情愫和语气强度。接下来，我们将逐一分析互动元话语在子类和学科上的历时变化。

5.2.5 子类历时变化的学科分布

上述互动元话语的整体变化趋势表现出对立的学科分歧。由表5.7可见，下降主要发生在应用语言学和社会学这类传统“软学科”领域，而生物学与电子工程学则呈现上升态势。这一表象与Hyland(2004b)、Jiang(2017)、云红(2009)和姜峰(2015b)等人共时截面的研究结果相左，突出学术语境和学科知识建构方式的动态发展。我们从现有的数据可以看出，应用语言学和社会学中作者的评价和介入频率逐渐减少，呈现出从知者结构向知识结构的发展趋势，这与人文社科领域日益盛行的实证主义思潮不无关系。另一方面，“硬学科”学术文本也不再是传统的、冷冰冰的、完全脱离人的数据报告，而是拥有更多人际互动特征的文本，这增强了科技成果的可读性和说服力。

表 5.7　互动元话语历时变化的学科分布（每万词频率）

应用语言学			社会学			生物学			电子工程学		
1965 年	1985 年	2015 年	1965 年	1985 年	2015 年	1965 年	1985 年	2015 年	1965 年	1985 年	2015 年
506.4	418.3	333.0	437.8	353.9	360.8	280.1	254.8	308.4	337.1	351.7	381.6

值得一提的是，本研究还发现交际类元话语在这四个学科中皆呈现出增长趋势。但是两类元话语的历时变化差异并不矛盾，反而告诉我们，无论哪类学科，学术语篇的首要任务是为读者提供充分的语言引导和支撑，保证他们读懂文本，领会要旨。在此基础上按照学科的话语规约和知识范式，言之有理，论之有道，才会令人信服，其学术观点和价值方可被接受。

在前一小节中我们看到，互动元话语除自我指称语之外皆呈下降趋势，每万词频率约下降6.5%。然而，各子类的历时变化呈现出学科差异。根据表5.8所示，整体上应用语言学和社会学的互动元话语使用频率大幅减少，应用语言学的各子类均呈下降趋势，电子工程学的各子类则均呈上涨趋势，而社会学和生物学的各子类并无相同的变化规律。

如上所述，态度标记与加强词在五十年间降幅最大，平均约为22%。态度标记和加强词是作者表达学术评价和立场最直截了当的标记，分别

表 5.8　互动元话语子类历时变化的学科分布（每万词频率）

子类＼学科	应用语言学			社会学			生物学			电子工程学		
	1965 年	1985 年	2015 年	1965 年	1985 年	2015 年	1965 年	1985 年	2015 年	1965 年	1985 年	2015 年
模糊语	201.1	169.4	128.6	187.8	148.2	148.7	130.2	132.9	148.4	117.5	122.5	126.4
加强词	107.7	79.7	67.0	88.8	62.7	57.3	76.3	51.9	51.7	82.6	87.3	95.0
态度标记	42.3	38.5	31.2	35.7	32.0	28.0	27.9	24.3	27.2	9.5	8.5	16.4
带入标记	54.4	43.0	37.8	55.2	44.9	36.9	25.9	26.2	28.3	50.6	55.0	55.3
自我指称语	94.0	87.8	68.4	65.3	67.1	89.9	19.8	20.2	52.1	52.8	65.1	85.8
总计	**499.5**	**418.4**	**333.0**	**432.8**	**354.9**	**360.8**	**280.1**	**255.5**	**307.7**	**313**	**338.4**	**378.9**

传递作者对概念信息的情感态度和认知信念。与其他体裁相比，学术论文较少使用态度标记（Hu & Cao 2015），因此该子类的下降基数小。尽管情感态度在学术语篇中通常是隐性唤起（implicitly invoked）而不是显性铭示（explicitly inscribed）（姜望琪 2009），但是如下面例（1）和例（2）所示，正向和负向的态度评价会对读者产生重要的情感影响和感染。

（1）Data integration may be preferred when modality-specific information carries more weight compared with the shared information...

（电子工程学，2015）

（2）This was an unexpected result and provides compelling evidence for the importance of deltas based on their size alone...

（生物学，2015）

表5.8数据显示，态度标记在应用语言学和社会学中下降明显，再次体现了软学科门类逐渐趋向一种更加客观、少个人色彩的实证演绎。此外，研究还发现important和even一直是五十年间各学科惯用的态度标记词，这凸显了作者对科学概念和成果的积极评价与正向赋值（辛志英、黄国文 2010）。

（3）An understanding of lay social actors' normative beliefs should be an important area of investigation for social scientists.

（社会学，2015）

（4）Changing the threshold voltage dynamically then allows one to improve the threshold voltage of the device, even as the transistor has low standby current.

（电子工程学，2015）

同样，加强词的使用大幅下降。但是有意思的是，加强词的具体词汇形式也发生了改变，诸如must、believe、know等情态动词和认知动词形式逐渐被研究行为相关的动词代替（如show、demonstrate、find）。这一变化揭示出知识建构和学术论辩方式经历由个人观点［如例（5）］向数据实证［如例（6）］的重要转变，而且“软学科”领域表现尤为明显。

（5）We know that many of these traditionalists are quite justified in their stand.

（应用语言学，1965）

（6）The findings demonstrate that novice teachers engage in an extended process of learning.

（应用语言学，2015）

模糊语和加强词是一组对立范畴。加强词强调认知判断的确定性，而模糊语减弱作者认知判断的肯定性，接受和容纳反对意见，增加读者参与辩论的机会。表5.8中出现两组关于模糊语和加强词的数据结果显示：一是应用语言学和社会学在模糊语和加强词的使用上皆持续减少，反映出人文和社会科学语篇较以往趋于一种更加精确、斟酌有制的认知立场，读者介入也变得更加谨慎小心。这或许是受社会科学领域日益增长的科学至上主义的影响（Sayer 2010），研究方法和手段走向自然科学维度。而就应用语言学而言，尽管学界一直对学科范式与内容争论不止，但是学科发展的历史表明实证主义相对占据上风（De Bot 2015），因而研究崇尚论断和观点的量化处理与数据支撑。二是电子工程学论文同时增加模糊语和加强词的使用，一方面通过模糊语拓展研究结果的应用前景［如例（7）］，另一方面通过加强词强调研究课题的价值和重要性［如例（8）］。其目的是更好地推销研究者设计或发明的电子模型和解决方案。

（7）the auxiliary energy function may be exploited to construct a solution to matching equations corresponding to an interconnection which can be written as the sum...

（电子工程学，2015）

（8）we show that a propagation of chaos property with virtual particles holds for the non-linear McKean-Vlasov dynamics.

（电子工程学，2015）

带入标记明确指向读者，锁定读者注意力，视读者为语篇的参与者和共同创造者，进而带动读者关注数据或理解文意。表5.8显示，带入标记与互动元话语整体趋势一致，在硬学科文本中增长，在软学科文本中下降，再一次反映出文理学科领域在学术互动、语篇建构和话语实践方面的不同变化。带入读者的语言资源包括诸多类别，拥有许多交际功能，笔者在另外一篇文章中详细分析和阐述了该类元话语标记的历时发展，报告了不同类别在文理各领域的变化规律（Hyland & Jiang 2016)。但是这里我们需要指出的是，边注（aside）和共享知识（shared knowledge）两类标记语在四个学科皆呈现下降趋势。对比思考今天与五十年前学术环境和科学传播的不同，我们便不难理解这一下降表象。以往，科学研究的交际对象通常是同一领域或方向的朋辈科学家，论文读者非常有限，但是他们凭借对学科领域的掌握，能够轻松地阅读和消化文献知识。然而，在这半个世纪的时间中，学术文献的传播方式发生了巨大的变化，今天的读者群变得更加广泛、更加大众化。当今，经济高速增长，科学研究在一定程度上受商业利益驱动，部分研究者开始追逐成果转化和产业应用，论文对象也因此延伸到更广泛的人群，比如潜在投资者、政府人员等。同时，随着交叉学科与协同创新的发展，学术论文读者群已不再局限于业内同行，他们的专业及知识背景也更加分散。因此，科学作者难以估测读者群的共享知识和理解需求，也就相应减少这类标记语的投入。

最后一个类别是自我指称语。它不仅是学术写作常谈的话题，也是学生在论文写作中最感困惑的语言使用，而且其历时变化表现出的学科差异也非常值得我们关注。表5.8的数据显示，自我指称语在生物学、电子工程学和社会学语篇中均大幅增长，但却在应用语言学语篇中明显下降。作者通过选择是否使用自我指称语控制其在文本中的显现与身份，从而宣称结论或规避学术观点的责任，突出或淡化学术贡献的归属（Hyland 2001b）。传统观点认为，科学文本应该是一种“非主观介入风格……强调观点评价的客观性，使作者主观声音次属于纯粹的自然界”（Hyland 2001b：216），进而保证研究过程和结果的有效性不因研究人员的参与而改变，实现最大的可重复性。但是历时数据让我们意外地发现，生物学和电子工程学研究者使用自我指称语的频率大幅增长。这样或许有助于科学研究者直接明了地强调研究成果的物主身份和所有权［如例（9）和例（10）］，突出自我的科学价值和创新性。同时，自我提及也能够令作者的研究工作和贡献在科学评价与职业考核时不被忽视。

（9） In this work <u>we</u> develop a theory of system approximation for timed systems by quantifying the timing differences between corresponding system events.

（电子工程学，2015）

（10） <u>We</u> emphasize the need for probabilistic models which includes prior distributions in order to deal with the issues arising from...

（电子工程学，2015）

此外，尽管语料中单独撰写与合著论文的比例各占50%，但是硬学科领域自我指称语的使用中复数形式（we、our）多于单数形式（I、my）。一方面，复数形式比单数形式能够更明显地拉开作者与所述内容之间的距离［如例（11）和例（12）］，表达一种隐约潜入的立场判断。另一方面，这一点与合作研究、共同发表的科学风尚也是有关的。当今，不论文史类还是理工类的研究理念都是推崇团队开发与国际合作，有效、充分地利用学术资源和平台，使更多的科研工作者参与到科技创新和成果发表中。因此，我们在期刊论文中看到越来越多复数形式的自我指称语也不足为奇了。

（11）Our purpose here is to extend the capabilities of the fuzzy systems modeling technology by allowing a wider class of input information.

（电子工程学，2015）

（12）Here, we address the issue of temporal coding in dACC. We use recordings from monkeys engaged in a trial-and-error learning task [29]...

（生物学，2015）

不过有意思的是，应用语言学是唯一一个缩减自我指称语使用的学科，1965年每万词达94例，而五十年后减少了27%。我们认为，这与应用语言学自身学科知识论与研究方法的历时发展有关，也与该学科拥有越来越多的二语作者群体有关。20世纪60年代中期，应用语言学尚处起步时期，出版物多数是语言教学实践的个人陈述与经验总结，因此学术文本多以I、we为事实描述的出发点。随着学科研究范式和方法的成熟，越来越多的文献是用数据支撑的实证研究，同时发表的可引文献不断增多，该学科的知识建构和话语表达随之发生根本性变革（De Bot 2015）。另一方面，在应用语言学领域，来自中国、日本、韩国、西班牙、德国等国家的二语作者数量激增，这些国家的作者要么受传统观念下学术英语写作教学熏陶，要么受母语文化影响，在论文写作中往往回避使用第一人称的自我指称语。

5.2.6 总结

学术语篇的说服力不仅在于准确传递科学发现的真值信息，产出可信文本，而且在一定程度上倚重作者与读者之间恰当的人际互动。在这一社会活动中，作者以读者期待和接受的方式，对命题及读者表达学术立场，创造能有效实现语篇意义的社会互动。元话语无疑是构建学术互动和论辩说辞的重要资源，增强文本的可读性和说服力。本研究考察了学术论文中互动元话语使用的动态发展，报告了元话语在各类语言标记和学科分布上的历时变化，揭示了学科共同体和学术语境等社会文化因素近五十年间的变迁。

我们发现，整体而言，互动元话语资源呈下降趋势，尤其是加强词和态度标记下降显著；同时，元话语在应用语言学和社会学的软学科领域的使用逐渐减少，相反，生物学和电子工程学的硬学科领域的作者却不断增加元话语的投入，在科学文本和数据报告中增强人际互动的意愿。这些历时变化特征充分反映学术话语共同体在知识建构、认知方式、研究方法以及话语实践方面的动态变化，同时弥补当前学术英语共时、截面研究的局限性。

可见，元话语可以有效地联结语篇与语境。因此，在学术写作教学中，教师应强化学生元话语意识，通过元话语使用的频率和规律，让学生了解到学术写作蕴含的劝谏修辞与人际互动以及认识到读者和语境的重要性。此外，学生透过类似本研究中元话语标记的历时变化，可以更好地理解不同学科文本中真实的语言选择和话语实践，同时培养动态语境意识和思辨能力。

第六章 趋势、展望与建议

随着社会经济各个领域全球化的深入与升级以及高等教育国际化的迅猛发展，英语正成为学术人员信息交流、学术传播和知识建构越来越重要的工具。学科发展、成果发表和学业完成都离不开学术英语能力和素养。虽然我们不能忽视中文在学术交流和学术共同体中的地位，但是我们也不能否认和忽视学术英语的重要性和发展趋势。正如我们在本书开篇所言，在国家"双一流"高校建设的背景下，学术英语无疑是大学英语教育的重要内容(蔡基刚 2018；束定芳 2016；王守仁、王海啸 2011)，也逐渐成为英语专业语言课程的重要转向(孙有中 2017)。然而，行之有效的学术英语教育不仅需要了解不同层次学生的需求，而且要让学生充分熟悉学术英语的本体特征与研究路径。通过前五章的理论探讨与文献回顾，我们不难发现学术英语研究和语料库紧密联系在一起。当然，语料库的强大功能也使之与人文和社会科学的诸多领域联系紧密(Hunston 2002；徐秀玲、许家金 2017)。本书旨在介绍、解读和阐释学术英语的本体特征及其与语料库之间的关联。

首先，我们通过梳理学术英语的内涵与外延，回顾与语料库相关的学术英语研究。从中不难发现，语料库对于学术英语研究是教学范畴的应用，不是技术范畴的开发。在学术英语研究中，语料库手段是服务教学的，以语料库作为数据工具，识别学术语篇中的语言特征和规律，最终反哺课堂教学。学术英语的基本指导思想是将学术话语能力建立在熟悉语篇体裁和修辞结构的同时，掌握具体的语言形式和劝谏功能。二语学习者或学术新手因为未能驾驭上述两方面能力，因而没有被目标话语共同体接受和认可，学术英语研究旨在帮助这些群体提高和增强学术话语能力。因此，借助语料库的学术英语研究不在于开发复杂的语料库或者信息技术，而是以教学为纲的语言分析和教学。这样，我们便不难回答一个经常遇到的问题：有关学术文本的信息科学或文献计量学分析是否属于学术英语研究？显然，这类学术引用研究是关于学术文本的研究，并非关于学术英语或者学术用途语言的研究，因为其研究目标不是学术语境下语篇语言形式与功能的关系。但是，以语言特征为导向的学术语篇和引用研究应当属于学术英语研究（Ken Hyland 1999a）。所以，衡量学术英语研究不在于衡量语料的选择和标题的设置，而是考察研究问题和研究目标，毕竟研究方法是为研究问题服务的。因此，笔者认为，语料库语言学的分析视角和手段并非都适合学术英语，因为它们在很大程度上无法适用或满足学生需求和教学初衷。

此外，就语料库在学术英语研究中的应用而言，通过前三章的文献回顾与梳理，我们可以发现，当前研究表现出“三多三少三不足”的现状。一是应用研究多，理论创新少；二是基于语料库的研究多，语料库驱动的研究少；三是共时研究多，历时研究少。此外，本土化学科结构关照不足，主体视角和阐释介入不足，语料库辅助的学术英语教学不足。这些或许是学术英语的语料库研究今后亟待解决的问题。

第一，可能现在一提学术英语的语料库研究，大家直接想到的就是语步分析、元话语、立场和引用等，而且基本上都是将现有框架和分类套用在各种体裁上和不同作者群体中。这或多或少存在同质化问题。可见，与语料库相关的学术英语研究缺少理论创新，也缺少对新的体裁和语言资源的挖掘。一般来说，学术英语研究的理论即为分析框架，目的是便于研究者发现、归类和剖析学术英语中的各类体裁与语言特征。不同的框架从不同的功能视角解读相同的语言资源，例如立场标记（Hyland 2005b）体现作者对概念信息的态度，读者介入（Martin & White 2005）表达作者对他人声音的态度。元话语之所以解释力较强，是因为其囊括多方面的功能视角。Swales（2002b）评价学术英语的分析模型时，认为理论创新并非是特立独行地创立一套全新的理论，而是在于提供一个容纳多种维度的分析方案。例如，Hyland & Tse（2005a）提出的综合投射句式、It型从句和转述动词等立场标记资源，提出了"评价型that从句"，为后续分析学术语篇评价意义提供更为全面的框架。Lancaster（2012）结合立场和读者介入，提出了新的包含评价话题内容和读者对象的学术立场框架，补充了现阶段立场资源的单一视角。又如Hu & Chen（2017）提出的"惊奇标记"（surprise marker）概念及分类框架，为考察学术作者在语篇中如何呈现和推介知识创新和学科价值提供了重要参考。

第二，就挖掘学术体裁资源而言，期刊论文、学位论文、学期论文、教材、书评和议论文是现有文献常常涉猎的体裁，但是学术体裁体系中还有其他诸多类型文本。Nesi & Gardner（2012）提及本科生在学术英语学习过程中通常接触的13类体裁，包括案例分析（case study）、评论（critique）、设计说明（design specification）、情感写作（empathy writing）、议论文（essay）、练习（exercise）、说明（explanation）、文献综述（literature survey）、研究方法描述（methodology recount）、记叙文（narrative recount）、问题探讨（problem question）、申请书（proposal）和研究报告（research report）。Curry（2016）举例研究生阶段学生涉及的分析类、思辨类和专业类体裁，详见表6.1。Yore *et al.*（2006）报告了学术人员在职业发展中接触的常见专业类体裁，包括期刊研究论文、期刊综述文章、书评、期刊评论、摘要、编辑通信、海报、学术讲座、项目申请书、实验报告、邮件、授课教案、学生辅导、科普文章等。可见，在今后的研究中，尚有众多学术体裁有待借助语料库方法进行语言和修辞资源的考察。

表 6.1 研究生阶段学生涉及的学术体裁（改自 Curry 2016）

分析类	思辨类	专业类
文献综述	个人陈述	摘要
书评	反思日记	期刊论文
论文开题报告	自我评估	海报展示
评论	学术博客	申请书
学位论文		学术演讲
邮件		科学报告
课堂展示		
课程论文		
实验报告		

第三，就语料库的两种研究范式而言，学术英语研究大体上是基于语料库的研究，语料库驱动的研究相对较少。其中一个原因可能是与上述应用研究大行其道有关。常见的研究过程是根据某种现已成型的理论或框架，在学术英语语料库中进行检索、统计和阐释；另一个原因与学术英语研究的教学导向性不无关联。诸多学术英语的研究问题来自课堂教学和学生需求，进而研究者在学术英语语料库中考察该语言问题的表现特征，寻求解决问题的方案。此外，学术英语领域的知名学者基本是沿着外语教师到语篇分析者的路线形成职业发展轨迹，譬如Ken Hyland在苏丹和沙特阿拉伯、John Swales 在利比亚和苏丹、Tony Dudley-Evans在利比亚和伊朗开始英语及学术用途英语的教学。在教学中，他们首先发现学生在学术英语学习中遇到的问题，继而逐渐认识到体裁和修辞语言资源在学术英语能力发展中的重要性，进而总结出自己的分析框架和资源分类，在自建的小型语料库中观察资源出现的频率和表现形式，最终反馈教学，促使学生在真实文本语料中培养学术英语表达能力。但是，在未来语料库驱动的

学术英语研究方面，卫乃兴(2016)建议关注词语共选、语义趋向、语义韵以及短语序列，它们有待在学术英语研究中进行系统的考察。

第四，当前基于语料库的学术英语研究绝大部分都是共时的、截面性质的研究。正如第三章和第四章的文献回顾，现有研究或者对比学术语篇的学科差异，或者比较一语和二语作者的语篇差异，或者比较新手和资深学者的话语实践，或者对比不同体裁的学术文本。总之，这些分析都是静态的，以截面形式观察语言资源的相同点与不同点，缺少对动态语境的考量(朱永生 2005)。根据Conrad(2002)的观点，语篇分析的语料库研究范式包括四种路径:(1)调查与某一语言特征有关的因素;(2)考察某一特定语言功能的实现;(3)对语言变体的描述;(4)对某一语言特征在语篇中的使用作跟踪描述。当前，与语料库相关的学术英语研究基本上都是通过前三个路径进行探讨，较少从第四个视角进行动态历时考察。但是，跟踪描述或者历时研究能够反映出语境的重要动态变化。例如，对比学术语篇学科差异的大量共时研究表明，人文和社会学科学术文本存在的人际互动语言标记明显多于理工学科(如Hyland 2004b; 杨林秀 2008)，但是学术语篇的历时研究发现软学科的人际互动标记有下降趋势，而硬学科呈现上升趋势(Hyland & Jiang 2018)。动态的历时研究无疑让我们更深刻、全面地了解学科知识建构和话语实践等一系列学术和社会语境的变化。

第五，正如我们在前面章节看到的，考察学科间的差异是学术英语研究的核心议题，但是现有研究往往粗略地划分以人文和社会科学为代表的软学科和以自然科学和生命科学为代表的硬学科，较少关注我国本土学科属性和专业设置。就国内而言，鲜有研究是完全依照我国学科专业设置实情，而常常跟随国外文献的学科选择，导致所建学术英语语料库及其研究发现对我国本硕博各阶段学生指导意义受限。2016年，中国外语与教育研究中心牵头设立了“中国外语教育基金专用英语语料库建设项目”，拟最终建成总库容不少于一亿词次，它开创性地按照我国学科专业设置的实情，涵盖人文社会科学、自然和生命科学各主要领域的一级和二级学科，建设DEAP（Database of English for Academic Purposes）语料库。DEAP语料库无疑是关切我国多学科学术英语教学实情、服务本土教学与研究的学术英语语料库。基于该语料库，学界涌现了许家金（2017）和Jiang & Wang（2018）等一系列特色学术成果，我们也期待更多的适合我国学科专业国情的学术英语语料库的建设与研究。

第六，目前基于语料库的学术英语研究主要通过研究者的客位视角（etic）解读语言本体特征，即依靠研究者的主观认知与分析经验阐释特定语言特征的形式与功能。我们在前面章节谈到，语料库呈现的只是第三人称视角的观察数据，难以充分显现第一人称自身的意识与能动。也就是说，通过语料库，我们得到的是“人们做了什么”的第三者事实材料，却看不到“他们考虑的是什么”，语料库研究是从研究者或者观察者的视角出发，而忽略参与者的自省描述。魏多逊（2009：62）指出，“语料库完成的仅仅是意义生成过程的文本轨迹，缺失的是明示语言特征与使用语境之间的相互作用。也就是说，语料库无法捕捉语言使用的民族志深入描写”。因此，基于语料库的学术英语研究应该扩大语篇参与者的主位（emic）认知和见解或者通过话语共同体的内部视角阐释语言使用的特点和目标，补充研究者的客位观察（如Dressen-Hammouda 2014a，2014b）。就学术语篇而言，尤其是学生文本，我们也应该融入作为评阅人的读者评判，通过目标读者与话语共同体视角，论述学术语篇的语言选择和话语实践是否符合读者共同体的期望与规约（如Lancaster 2014；Jiang & Ma 2018a）。

第七，就国内与语料库相关的学术英语研究而言，学者基本上都是通过语料库手段考察学术语篇的本体特征，非常缺少语料库辅助习得学术英语的教学探讨或者相关的实证研究。Tim Johns是将语料库和索引技术直接应用于语言课堂的先驱，如我们在前面章节中谈到的，他用“数据驱动学习”（Data-Driven Learning，简称DDL）描述通过语料库分析实现语言学习的方法，同时强调数据库驱动学习是以学生为主导，学生观察语料库实例，寻找并总结语言使用规律，因此是一种归纳式的学习方式（Johns 1991）。尽管数据驱动学习或者语料库辅助教学存在一定争议，比如受限于学生对语言问题的"注意"（noticing），短期学习成效不尽如人意等（Flowerdew 2015b），但是实证研究表明该方法的长期效果积极且明显，能增强学生的语言意识、语境敏感度以及对学习的兴趣和动机（Charles 2012; Chen & Flowerdew 2018）。然而，学术英语的语料库辅助教学相对于学术语篇分析在国内发展缓慢，有待于进行更深刻、更大规模的尝试与实证研究。

最后，随着信息技术的进一步发展，学术英语多媒体语料库也是今后的发展方向之一。正如Haneda（2014）指出的那样，在学术语境下，交流变得多模态化，不仅是单纯依靠语言形式，而且也包括活动行为、材料设计以及其他图标、图像、简图等各类符号资源。同样，Lemke（2002: 24）曾提出当代科学文本不再仅是由成句、成段的词汇构成，而是更多地依赖表格、图标、图形、手绘、成像等一系列视觉呈现，可能既有声波图，也有色谱图和基因图等。因此，多媒体语料库可以更好地收集学术英语本来的多模态符号资源，从而更贴切地表现学术交流的真实语境。Maria Kuteeva和Anna Mauranen在*Discourse, Context & Media*期刊的专栏中有六篇论文论述这类多媒体语料，这给我们提供了不错的借鉴意义。

语料库的最大优势在于提供大量的真实语言素材，辅助学术英语教学与研究，挖掘和描写学术英语使用的典型特征和规律，进而为学术英语教学提供可靠的语言资源和参考依据。本书在对学术英语和语料库进行理论探讨的基础上，梳理与语料库相关的学术英语研究文献，评价现有研究的方法与路径，归纳学术英语研究关注的语言资源和修辞手段，全面呈现语料库与学术英语研究的关联性与互补性。尽管现有文献试图利用语料库方法从诸多方面揭示学术英语的本体特征，报告丰富的实证结论，但是在述评中我们也看到学术英语研究在理论创新、方法选择和研究定位方面的局限。这些都有待未来研究充分利用语料库资源和工具对不足之处建立系统工程与研究课题，对上述问题给予深入探索并提供以实证为基础的解决方案。

参考文献

Ackermann, K. & Y. H. Chen. 2013. Developing the Academic Collocation List ACL—A corpus-driven and expert-judged approach. *Journal of English for Academic Purposes* 12(4): 235-247.

Ädel, A. 2006. *Metadiscourse in L1 and L2 English*. Amsterdam: John Benjamins.

Ädel, A. & A. Mauranen. 2010. Metadiscourse: Diverse and divided perspectives. *Nordic Journal of English Studies* 9: 69-97.

Aguilar, M. 2008. *Metadiscourse in Academic Speech: A Relevance-theoretic Approach*. Bern: Peter Lang.

Aguilar, M. 2016. Seminars. In K. Hyland & P. Shaw (eds.). *The Routledge Handbook of English for Academic Purposes*. London: Routledge. 335-347.

Alexander, O., S. Argent & J. Spencer. 2008. *EAP Essentials: A Teacher's Guide to Principles and Practice*. Reading: Garnet Education.

Altenberg, B. 1998. On the phraseology of spoken English: The evidence of recurrent word-combinations. In A. P. Cowie (ed.). *Phraseology: Theory, Analysis and Applications*. Oxford: Oxford University Press. 101-122.

Altenberg, B. & M. Tapper. 1998. The use of adverbial connectors in advanced Swedish learners' written English. In S. Granger (ed.). *Learner English on Computer*. London: Longman. 80-93.

Aston, G. 1995. Corpora in language pedagogy: Matching theory and practice. In G. Cook & B. Seidlhofer (eds.). *Principle and Practice in Applied Linguistics*. Oxford:

Oxford University Press. 257-270.

Atkinson, D. 1996. The philosophical transactions of the Royal Society of London, 1675-1975: A sociohistorical discourse analysis. *Language in Society* (25) 3: 333-371.

Atkinson, D. 1999. *Scientific Discourse in Sociohistorical Context: The Philosophical Transactions of the Royal Society of London, 1675-1975*. Mahwah, NJ: Lawrence Erlbaum Associates.

Aull, L. L. & Z. Lancaster. 2014. Linguistic markers of stance in early and advanced academic writing: A corpus-based comparison. *Written Communication* 31(2): 151-183.

Baker, P., A. Hardie & T. McEnery. 2006. *A Glossary of Corpus Linguistics*. Edinburgh: Edinburgh University Press.

Bakhtin, M. M. 1986. *Speech Genres and Other Late Essays*. Austin: University of Texas Press.

Bamford, J. 2005. Interactivity in academic lectures: The role of questions and answers. In J. Bamford & M. Bondi (eds.). *Dialogue within Discourse Communities: Metadiscursive Perspectives on Academic Genres*. Tübingen: Max Niemeyer Verlag. 123-146.

Banda, H., D. Damien, K. Nagarajan, A. Raj, M. Hariharan & M. Shaijumon. 2017. Twisted perylene diimides with tunable redox properties for organic sodium-ion batteries. *Advanced Energy Materials* 7(20).

Banks, D. 2003. The evolution of grammatical metaphor in scientific writing. In A. M. Simon-Vandenbergen, M. Taverniers & L. J. Ravelli (eds.). *Grammatical Metaphor: Views from Systemic Functional Linguistics*. Amsterdam: John Benjamins. 127-148.

Barber, C. 1962. Some measurable characteristics of modern scientific prose. In F. Behre (ed.). *Contributions to English Syntax and Philology*. Gothenburg, Sweden: Almqvist and Wiksell. 21-43.

Basturkmen, H. 1999. Discourse in MBA seminars: Towards a description for pedagogical purposes. *English for Specific Purposes* 18(1): 63-80.

Bazerman, C. 1988. *Shaping Written Knowledge: The Genre and Activity of the Experimental Article in Science*. Madison: University of Wisconsin Press.

Becher, T. 1994. The significance of disciplinary differences. *Studies in Higher*

Education (19) 2: 151-161.

Becher, T. & P. Trowler. 2001. *Academic Tribes and Territories: Intellectual Enquiry and the Culture of Disciplines*. Buckingham: Society for Research into Higher Education & Open University Press.

Bhatia, V. K. 2004. *Worlds of Written Discourse*. London: Continuum.

Biber, D. 1988. *Variation across Speech and Writing*. Cambridge: Cambridge University Press.

Biber, D. 1990. Methodological issues regarding corpus-based analyses of linguistic variation. *Literary and Linguistic Computing* 5(4): 257-269.

Biber, D. 1995. *Dimensions of Register Variation: A Cross-linguistic Comparison*. Cambridge: Cambridge University Press.

Biber, D. 2006a. Stance in spoken and written university registers. *Journal of English for Academic Purposes* 5(2): 97-116.

Biber, D. 2006b. *University Language: A Corpus-based Study of Spoken and Written Registers*. Amsterdam: John Benjamins.

Biber, D. & F. Barbieri. 2007. Lexical bundles in university spoken and written registers. *English for Specific Purposes* 26(3): 263-286.

Biber, D. & E. Finegan. 1989. Styles of stance in English: Lexical and grammatical marking of evidentiality and affect. *Text* 9: 93-124.

Biber, D. & B. Gray. 2010a. Challenging stereotypes about academic writing: Complexity, elaboration, explicitness. *Journal of English for Academic Purposes* 9(1): 2-20.

Biber, D. & B. Gray. 2010b. Nominalizing the verb phrase in academic science writing. In B. Aarts, J. Close, G. Leech & S. Wallis (eds.). *The Verb Phrase in English: Investigating Recent Language Change with Corpora*. Cambridge: Cambridge University Press. 99-132.

Biber, D. & B. Gray. 2011a. Grammatical change in the noun phrase: The influence of written language use. *English Language & Linguistics* 15(2): 223-250.

Biber, D. & B. Gray. 2011b. The historical shift of scientific academic prose in English towards less explicit styles of expression. In V. K. Bhatia, S. Hernández & P. Pérez-Paredes (eds.). *Researching Specialized Languages*. Amsterdam: John Benjamins. 11-24.

Biber, D. & B. Gray. 2013. Nominalizing the verb phrase in academic science writing. In B. Aarts, J. Close, G. Leech & S. Wallis (eds.). *The Verb Phrase in English: Investigating Recent Language Change with Corpora*. Cambridge: Cambridge University Press. 99-132

Biber, D. & B. Gray. 2016. *Grammatical Complexity in Academic English: Linguistic Change in Writing*. Cambridge: Cambridge University Press.

Biber, D., S. Conrad & V. Cortes. 2004. If you look at... : Lexical bundles in university teaching and textbooks. *Applied Linguistics* 25(3): 371-405.

Biber, D., U. Connor & T. A. Upton. 2007. *Discourse on the Move: Using Corpus Analysis to Describe Discourse Structure*. Amsterdam: John Benjamins.

Biber, D., B. Gray & S. Staples. 2016. Predicting patterns of grammatical complexity across language exam task types and proficiency levels. *Applied Linguistics* 37(5): 639-668.

Biber, D., J. Grieve & G. Iberri-Shea. 2009. Noun phrase modification. In G. Rohdenburg & J. Schlüter (eds.). *One Language, Two Grammars? Differences between British and American English*. Cambridge: Cambridge University Press. 182-193.

Biber, D., S. Johansson, G. Leech, S. Conrad & E. Finegan. 1999. *Longman Grammar of Written and Spoken English*. London: Longman.

Biglan, A. 1973. The characteristics of subject matter in different academic areas. *Journal of Applied Psychology* 57(3): 195-203.

Björkman, B. 2013. *English as an Academic Lingua Franca: An Investigation of Form and Communicative Effectiveness*. Berlin: Mouton de Gruyter.

Bloom, B. S. 1956. *Taxonomy of Educational Objectives: Cognitive Domain*. New York: Longman.

Bondi, M. 2006. A case in point: Signals of narrative development in business and economics . In K. Hyland & M. Bondi (eds.). *Academic Discourse across Disciplines*. Berlin: Peter Lang. 49-74.

Bondi, M. 2012. Voice in textbooks: Between exposition and argument. In K. Hyland & C. S. Guinda (eds.). *Stance and Voice in Written Academic Genres*. London: Palgrave Macmillan. 101-115.

Bondi, M. & M. Scott. 2010. *Keyness in Texts*. Amsterdam: John Benjamins.

Bourdieu, P. & J. C. Passeron. 1994. Introduction: Language and the relationship to language in the teaching situation. In P. Bourdieu, J. C. Passeron & S. M. De Martin (eds.). *Academic Discourse*. Cambridge: Polity Press. 1-34.

Brown, G. & G. Yule. 1983. *Discourse Analysis*. Cambridge: Cambridge University Press.

Bunton, D. 1999. The use of higher level metatext in PhD theses. *English for Specific Purposes* 18: 41-56.

Bunton, D. 2005. The structure of PhD conclusion chapters. *Journal of English for Academic Purposes* 4(3): 207-224.

Bradford, T. W., S. A. Grier & G. R. Henderson. 2017. Weight loss through virtual support communities: A role for identity-based motivation in public commitment. *Journal of Interactive Marketing* 40: 9-23

Camiciottoli, B. C. 2007. *The Language of Business Studies Lectures: A Corpus-assisted Analysis*. Amsterdam: John Benjamins.

Cao, Y. & R. Xiao. 2013. A multi-dimensional contrastive study of English abstracts by native and non-native writers. *Corpora* 8(2): 209-234.

Carey, R. 2013. On the other side: Formulaic organizing chunks in spoken and written academic ELF. *Journal of English as a Lingua Franca* 2(2): 207-228.

Carrió-Pastor, M. L. 2013. A contrastive study of the variation of sentence connectors in academic English. *Journal of English for Academic Purposes* 12(3): 192-202.

Chang, Y. Y. 2012. The use of questions by professors in lectures given in English: Influences of disciplinary cultures. *English for Specific Purposes* 31(2): 103-116.

Charles, M. 2000. The role of an introductory *it* pattern in constructing an appropriate academic persona. In P. Thompson (ed.). *Patterns and Perspectives: Insights into EAP Writing Practice*. Reading: Centre for Applied Language Studies, The University of Reading. 45-59.

Charles, M. 2007. Argument or evidence? Disciplinary variation in the use of the Noun that pattern in stance construction. *English for Specific Purposes* 26(2): 203-218.

Charles, M. 2012. "Proper vocabulary and juicy collocations": EAP students evaluate do-it-yourself corpus-building. *English for Specific Purposes* 31(2): 93-102.

Charles, M., S. Hunston & D. Pecorari. 2009. *Academic Writing: At the Interface of*

Corpus and Discourse. London: Continuum.

Charles, M. & D. Pecorari. 2015. *Introducing English for Academic Purposes*. London: Routledge.

Chen, M. & J. Flowerdew. 2018. Introducing data-driven learning to PhD students for research writing purposes: A territory-wide project in Hong Kong. *English for Specific Purposes* 50: 97-112.

Chen, Q. S. 2014. Exploring the literacy practices of undergraduate English majors' academic writing in China. Paper presented at the Postgraduate Research Conference 2013-2014. Hong Kong, China, June 2014.

Chen, Y.-H. & P. Baker. 2010. Lexical bundles in L1 and L2 academic writing. *Language Learning and Technology* 14(2): 30-49.

Christie, F. & B. Derewianka. 2010. *School Discourse: Learning to Write across the Years of Schooling*. London: Continuum.

Coffin, C. 2006. *Historical Discourse: The Language of Time, Cause and Evaluation*. London: Continuum.

Connor, U. 1984. A study of cohesion and coherence in English as a second language students' writing. *Research on Language & Social Interaction* 17(3): 301-316.

Conrad, S. 2002. Corpus linguistic approaches for discourse analysis. *Annual Review of Applied Linguistics* 22: 75-95.

Cook, G. 1998. The uses of reality: A reply to Ronald Carter. *ELT Journal* 52(1):57-63.

Cortes, V. 2002. Lexical Bundles in Academic Writing in History and Biology. Unpublished Ph.D. Dissertation. Flagstaff: Northern Arizona University.

Cortes, V. 2004. Lexical bundles in published and student disciplinary writing: Examples from history and biology. *English for Specific Purposes* 23(4): 397-423.

Cortes, V. 2013. The purpose of this study is to: Connecting lexical bundles and moves in research article introductions. *Journal of English for Academic Purposes* 12(1): 33-43.

Coxhead, A. 2000. A new academic word list. *TESOL Quarterly* 34(2): 213-238.

Crosthwaite, P. 2016. A longitudinal multidimensional analysis of EAP writing: Determining EAP course effectiveness. *Journal of English for Academic Purposes* 22: 166-178.

Crosthwaite, P. & F. K. Jiang. 2017. Longitudinal L2 development of academic stance:

Is EAP effective? *System* 69: 92-107.

Crosthwaite, P., L. Cheung & F. K. Jiang. 2017. Writing with attitude: Stance expression in learner and professional dentistry research reports. *English for Specific Purposes* 46: 107-123.

Curry, M. J. 2016. More than language: Graduate student writing as "disciplinary becoming". In S. Simpson, N. A. Caplan, M. Cox & T. Phillips (eds.). *Supporting Graduate Student Writers: Research, Curriculum, and Program Design*. Ann Arbor: University of Michigan Press. 78-96.

Dahl, T. 2004. Textual metadiscourse in research articles: A marker of national culture or of academic discipline? *Journal of Pragmatics* 36(10): 1807-1825.

Damiano-Nittoli, A. C. 2016. The Use of Hedging Devices in Malaysian Doctoral Candidature Defense Sessions. Unpublished Ph.D. Dissertation. Kuala Lumpur: University Of Malaya.

Dang, T. N. Y., A. Coxhead & S. Webb. 2017. The academic spoken word list. *Language Learning* 67(4): 959-997.

Davies, F. 1988. Designing a writing syllabus in English for academic purposes: Process and product. In P. C. Robinson (ed.). *Academic Writing: Process and Product*. London: Modern English Publications/British Council. 130-142.

De Beaugrande, R. 2002. Descriptive linguistics at the millennium: Corpus data as authentic language. *Journal of Language and Linguistics* 2: 91-131.

De Bot, K. 2015. *A History of Applied Linguistics: From 1980 to the Present*. London: Routledge.

Deroey, K. L. 2014. "Anyway, the point I'm making is": Lexicogrammatical relevance marking in lectures. In L. Vandelanotte, K. Davidse, C. Gentens & D. Kimps (eds.). *Recent Advances in Corpus Linguistics: Developing and Exploiting Corpora*. Amsterdam: Rodopi. 265-291

Deroey, K. L. 2015. Marking importance in lectures: Interactive and textual orientation. *Applied Linguistics* 36(1): 51-72.

Ding, A. & I. Bruce. 2017. *The English for Academic Purposes Practitioner: Operating on the Edge of Academia*. Switzerland: Palgrave Macmillan.

Don, Z. M. & A. Izadi. 2011. Relational connection and separation in Iranian dissertation defences. *Journal of Pragmatics* 15: 3782-3792.

Dos Santos, M. B. 1996. The textual organization of research paper abstracts in applied linguistics. *Text* 16(4): 481-500.

Dressen-Hammouda, D. 2014a. Place and space as shapers of disciplinary identity: The role of indexicality in the emergence of disciplinary writing expertise. In J. Bamford, F. Poppi & D. Mazzi (eds.). *Space, Place and the Discursive Construction of Identity*. Bern: Peter Lang. 71-106.

Dressen-Hammouda, D. 2014b. Measuring the voice of disciplinarity in scientific writing: A longitudinal exploration of experienced writers in geology. *English for Specific Purposes* 34(2): 14-25.

Dudley-Evans, T. & M. J. St John. 1998. *Developments in English for Specific Purposes: A Multi-disciplinary Approach*. Cambridge: Cambridge University Press.

Ebrahimi, S. F. 2017. "In order to…": A functional study of marked theme in method sections from three disciplines. *Journal of Teaching English for Specific and Academic Purposes* 4(3): 689-699.

Fang, Z. 2016. Academic language and subject area learning. In K. A. Hinchman & D. A. Appleman (eds.). *Adolescent Literacy: A Handbook of Practice-based Research*. New York: Guilford. 323-340.

Firth, J. R. 1957. *Papers in Linguistics 1934-1951*. London: Oxford University Press.

Flowerdew, J. 2006. Use of signalling nouns in a learner corpus. *International Journal of Corpus Linguistics* 11(3):345-362.

Flowerdew, J. 2013a. *Academic Discourse*. London: Routledge.

Flowerdew, J. 2013b. English for research publication purposes. In B. Paltridge & S. Starfield (eds.). *The Handbook of English for Specific Purposes*. Malden: Wiley-Blackwell. 301-321.

Flowerdew, J. & R. W. Forest. 2009. Schematic structure and lexico-grammatical realization in corpus-based genre analysis: The case of "Research" in the PhD literature review. In M. Charles, D. Pecorari & S. Hunston (eds.). *Academic Writing: at the Interface of Corpus and Discourse*. London: Continuum. 15-36.

Flowerdew, J. & R. W. Forest. 2015. *Signalling Nouns in English: A Corpus-based Discourse Approach*. Cambridge: Cambridge University Press.

Flowerdew, L. 2015a. Corpus-based research and pedagogy in EAP: From lexis to genre. *Language Teaching* 48(1): 99-116.

Flowerdew, L. 2015b. Data-driven learning and language learning theories: Whither the twain shall meet. In A. Leńko-Szymańska & A. Boulton (eds.). *Multiple Affordances of Language Corpora for Data-driven Learning*. Amsterdam: John Benjamins. 15-36.

Fortanet-Gómez, I. 2004a. Verbal stance in spoken academic discourse. In G. D. L. Camiciotti & E. Tognini-Bonelli (eds.). *Academic Discourse: New Insights into Evaluation*. Bern: Peter Lang. 99-119.

Fortanet-Gómez, I. 2004b. The use of "we" in university lectures: Reference and function. *English for Specific Purposes* 23(1): 45-66.

Francis, G. 1993. A corpus-driven approach to grammar: Principles, methods and examples. In M. Baker, G. Francis & E. Tognini-Bonelli (eds.). *Text and Technology: In Honour of John Sinclair*. Amsterdam: John Benjamins. 137-156.

Freddi, M. 2005. Arguing linguistics: Corpus investigation of one functional variety of academic discourse. *Journal of English for Academic Purposes* 4(1): 5-26.

Gardner, D. & M. Davies. 2014. A new academic vocabulary list. *Applied Linguistics* 35(3): 305-327.

Gillaerts, P. & F. Van de Velde. 2010. Interactional metadiscourse in research article abstracts. *Journal of English for Academic Purposes* 9(2): 128-139

Gosden, H. 1993. Discourse functions of subject in scientific research articles. *Applied Linguistics* 14(1): 56.

Granger, S. & M. Paquot. 2009. Lexical verbs in academic discourse: A corpus-driven study of learner use. In M. Charles, D. Pecorari & S. Hunston (eds.). *Academic Writing: At the Interface of Corpus and Discourse*. London: Continuum. 193-214.

Granger, S. & M. Paquot. 2010. The Louvain EAP dictionary. Paper presented at the XIV Euralex International Congress, Leeuwarden, Holland, July 2010.

Grant, L. E. 2011. The frequency and functions of just in British academic spoken English. *Journal of English for Academic Purposes* 10(3): 183-197.

Gray, B. 2015. *Linguistic Variation in Research Articles: When Discipline Tells Only Part of the Story*. Amsterdam: John Benjamins.

Groom, N. 2005. Pattern and meaning across genres and disciplines: An exploratory study. *Journal of English for Academic Purposes* 4(3): 257-277.

Gross, A. G. & P. Chesley. 2012. Hedging, stance and voice in medical research articles. In K. Hyland & C. S. Guinda (eds.). *Stance and Voice in Written Academic Genres*. London: Palgrave Macmillan. 85-100.

Halliday, M. A. K. 2004. *The Language of Science*. London: Continuum.

Halliday, M. A. K. & R. Hasan. 1976. *Cohesion in English*. London: Longman.

Halliday, M. A. K. & J. R. Martin. 1993. *Writing Science: Literacy and Discursive Power*. London: Falmer Press.

Halliday, M. A. K. & C. M. I. M. Matthiessen. 2013. *Halliday's Introduction to Functional Grammar*. London: Routledge.

Halliday, M. A. K., A. McIntosh & P. Strevens. 1964. *The Linguistic Sciences and Language Teaching*. London: Longmans.

Hamp-Lyons, L. 2011. English for academic purposes. In E. Hinkel (ed.). *Handbook of Research in Second Language Teaching and Learning* (vol. 2). London: Routledge.

Haneda, M. 2014. From academic language to academic communication: Building on English learners' resources. *Linguistics and Education* 26: 126-135.

Hasselgren, A. 1994. Lexical teddy bears and advanced learners: A study into the ways Norwegian students cope with English vocabulary. *International Journal of Applied Linguistics* 4(2): 237-258.

Hewings, M. & A. Hewings. 2002. "It is interesting to note that...": A comparative study of anticipatory "it" in student and published writing. *English for Specific Purposes* 21(4): 367-383.

Hinkel, E. 2005. Hedging, inflating, and persuading in L2 academic writing. *Applied Language Learning* 1: 29.

Holmes, J. 1988. Doubt and certainty in ESL textbooks. *Applied Linguistics* 9 (1): 21-44.

Holmes, J. & H. Nesi. 2009. Verbal and mental processes in academic disciplines. In M. Charles, D. Pecorari & S. Hunston (eds.). *Academic Writing: At the Interface of Corpus and Discourse*. London: Continuum. 58-72.

Holtz, M. 2009. Nominalisation in scientific discourse. Paper presented at the Fifth Corpus Linguistics Conference, University of Liverpool, UK, July 2009.

Hood, S. 2010. *Appraising Research: Evaluation in Academic Writing*. London: Palgrave Macmillan.

Hu, G. & F. Cao. 2011. Hedging and boosting in abstracts of applied linguistics articles: A comparative study of English- and Chinese-medium journals. *Journal of Pragmatics* 43(11): 2795-2809.

Hu, G. & F. Cao. 2015. Disciplinary and paradigmatic influences on interactional metadiscourse in research articles. *English for Specific Purposes* 39: 12-25.

Hu, G. & L. Chen. 2017. What surprises academics? A cross-disciplinary study of surprise markers in research articles. Paper presented at the Third Annual Conference of Chinese EAP Association, Wuhan, China, May 2017.

Hundt, M. & C. Mair. 1999. "Agile" and "uptight" genres: The corpus-based approach to language change in progress. *International Journal of Corpus Linguistics* 4(2): 221-242.

Hunston, S. 1989. Evaluation in Experimental Research Articles. Unpublished Ph.D. Dissertation. Birmingham: University of Birmingham.

Hunston, S. 2002. *Corpora in Applied Linguistics*. Cambridge: Cambridge University Press.

Hunston, S. 2011. *Corpus Approaches to Evaluation: Phraseology and Evaluative Language*. London: Routledge.

Hunston, S. & G. Thompson. 2001. *Evaluation in Text: Authorial Stance and the Construction of Discourse*. Oxford: Oxford University Press.

Hutchins, J. 1977. On the structure of scientific texts. *UEA Papers in Linguistics* 3: 18-39.

Hutchinson, T. & A. Waters. 1987. *English for Specific Purposes: A Learning-centred Approach*. Cambridge: Cambridge University Press.

Hyland, K. 1994. Hedging in academic writing and EAP textbooks. *English for Specific Purposes* 13(3): 239-256.

Hyland, K. 1998a. Boosting, hedging and the negotiation of academic knowledge. *Text* 18(3): 349-382.

Hyland, K. 1998b. *Hedging in Scientific Research Articles*. Amsterdam: John Benjamins.

Hyland, K. 1999a. Academic attribution: Citation and the construction of disciplinary knowledge. *Applied Linguistics* 20(3): 341-367.

Hyland, K. 1999b. Disciplinary discourses: Writer stance in research articles. In C. N. Candlin & K. Hyland (eds.). *Writing: Texts, Processes and Practices*. London: Longman. 99-121.

Hyland, K. 2000. *Disciplinary Discourses: Social Interactions in Academic Writing*. London: Longman.

Hyland, K. 2001a. Bringing in the reader: Addressee features in academic articles. *Written Communication* 18(4): 549-574.

Hyland, K. 2001b. Humble servants of the discipline? Self-mention in research articles. *English for Specific Purposes* 20(3): 207-226.

Hyland, K. 2002. Genre: Language, context and literacy. *Annual Review of Applied Linguistics* 22: 113-135.

Hyland, K. 2004a. *Disciplinary Discourses: Social Interactions in Academic Writing*. Ann Arbor: University of Michigan Press.

Hyland, K. 2004b. Disciplinary interactions: Metadiscourse in L2 postgraduate writing. *Journal of Second Language Writing* 13(2): 133-151.

Hyland, K. 2004c. Graduates' gratitude: The generic structure of dissertation acknowledgements. *English for Specific Purposes* 23(3): 303-324.

Hyland, K. 2005a. *Metadiscourse: Exploring Interaction in Writing*. London: Continuum.

Hyland, K. 2005b. Representing readers in writing: Student and expert practices. *Linguistics and Education* 16(4): 363-377.

Hyland, K. 2005c. Stance and engagement: A model of interaction in academic discourse. *Discourse Studies* 7(2): 173-192.

Hyland, K. 2006. *Writing in the Academy: Reputation, Education and Knowledge*. London: Institute of Education, University of London.

Hyland, K. 2007. Applying a gloss: Exemplifying and reformulating in academic discourse. *Applied Linguistics* 28(2): 266-285.

Hyland, K. 2008a. Academic clusters: Text patterning in published and postgraduate writing. *International Journal of Applied Linguistics* 18(1): 41-62.

Hyland, K. 2008b. As can be seen: Lexical bundles and disciplinary variation. *English for Specific Purposes* 27(1): 4-21.

Hyland, K. 2009. *Academic Discourse: English in a Global Context*. London: Continuum.

Hyland, K. 2012a. Academic discourse. In K. Hyland, C. M. Huat & M. Handford (eds.). *Corpus Applications in Applied Linguistics*. London: Continuum. 30-46.

Hyland, K. 2012b. Bundles in academic discourse. *Annual Review of Applied Linguistics* 32: 150-169.

Hyland, K. 2012c. *Disciplinary Identities: Individuality and Community in Academic Discourse*. Cambridge: Cambridge University Press.

Hyland, K. 2015a. *Academic Publishing: Issues and Challenges in the Construction of Knowledge*. Oxford: Oxford University Press.

Hyland, K. 2015b. Corpora and written academic English. In D. Biber & R. Reppen (eds.). *The Cambridge Handbook of English Corpus Linguistics*. Cambridge: Cambridge University Press. 292-308.

Hyland, K. 2016a. Methods and methodologies in second language writing research. *System* 59: 116-125.

Hyland, K. 2016b. Writing with attitude: Conveying a stance in academic texts. In E. Hinkel (ed.). *Teaching English Grammar to Speakers of Other Languages*. London: Routledge. 246-265.

Hyland, K. 2017. Learning to write for academic purposes: Specificity and second language writing. In J. Bitchener, N. Storch & R. Wette (eds.). *Teaching Writing for Academic Purposes to Multilingual Students: Instructional Approaches*. London: Routledge. 24-41.

Hyland, K. 2018. Sympathy for the devil? A defence of EAP. *Language Teaching* 51(3): 383-399.

Hyland, K. & M. Bondi. 2006. *Academic Discourse across Disciplines*. Bern: Peter Lang.

Hyland, K. & C. S. Guinda. 2012. *Stance and Voice in Written Academic Genres*. London: Palgrave Macmillan.

Hyland, K. & L. Hamp-Lyons. 2002. EAP: Issues and directions. *Journal of English for Academic Purposes* 1: 1-12.

Hyland, K. & F. K. Jiang. 2016. "We must conclude that...": A diachronic study of academic engagement. *Journal of English for Academic Purposes* 24: 29-42.

Hyland, K. & F. K. Jiang. 2017a. Is academic writing becoming more informal? *English for Specific Purposes* 45: 40–51.

Hyland, K. & F. K. Jiang. 2017b. Points of reference: Changing patterns of academic citation. *Applied Linguistics* advance access: 1-23.

Hyland, K. & F. K. Jiang. 2018. Academic lexical bundles: How are they changing? *International Journal of Corpus Linguistics* 23(4): 383-407.

Hyland, K. & J. Milton. 1997. Qualification and certainty in L1 and L2 students' writing. *Journal of Second Language Writing* 6(2): 183-205.

Hyland, K. & P. Shaw. 2016. Introduction. In K. Hyland & P. Shaw (eds.). *The Routledge Handbook of English for Academic Purposes*. London: Routledge. 1-13.

Hyland, K. & P. Tse. 2005a. Evaluative *that* constructions: Signalling stance in research abstracts. *Functions of Language* 12(12): 39-63.

Hyland, K. & P. Tse. 2005b. Hooking the reader: A corpus study of evaluative *that* in abstracts. *English for Specific Purposes* 24(2): 123-139.

Hyland, K. & P. Tse. 2007. Is there an academic vocabulary? *TESOL Quarterly* 41(2): 235-253.

Hyon, S. 1996. Genre in three traditions: Implications for ESL. *TESOL Quarterly* 30(4): 693-722.

Ivanič, R. 1998. *Writing and Identity: The Discoursal Construction of Identity in Academic Writing*. Amsterdam: John Benjamins.

Jalilifar, A., M. Alipour & S. Parsa. 2014. Comparative study of nominalization in applied linguistics and biology books. *Journal of Research in Applied Linguistics* 5(1): 24-43.

Jiang, F. K. 2015. Nominal stance construction in L1 and L2 students' writing. *Journal of English for Academic Purposes* 20: 90-102.

Jiang, F. K. 2016. Dialogicity in written specialised genres. *Journal of English for Academic Purposes* 21: 133-135.

Jiang, F. K. 2017. Stance and voice in academic writing: The "noun + that" construction and disciplinary variation. *International Journal of Corpus Linguistics* 22(1): 85–106.

Jiang, F. K. & K. Hyland. 2016. Nouns and academic interactions: A neglected feature of metadiscourse. *Applied Linguistics* 4: 1-25.

Jiang, F. K. & K. Hyland. 2017. Metadiscursive nouns: Interaction and cohesion in abstract moves. *English for Specific Purposes* 46: 1-14.

Jiang, F. K. & X. Ma. 2018a. Positioning and proximity of reader engagement: Authorial identity in professional and apprentice academic genres. In C. S. Guinda (ed.). *Engagement in Professional Genres: Deference and Disclosure*. Amsterdam: John Benjamins. 29-46.

Jiang, F. K. & X. Ma. 2018b. "As we can see": Reader engagement in PhD candidature confirmation reports. *Journal of English for Academic Purposes* 35: 1-15.

Jiang, F. K. & F. Wang. 2018. "This is because...": Authorial practice of (un)attending this in academic prose across disciplines. *Australian Journal of Linguistics* 38(2).

Johns, A. M. 1986. Coherence and academic writing: Some definitions and suggestions for teaching. *TESOL Quarterly* 20(2):247-265.

Johns, A. M. 2003. Genre and ESL/EFL composition instruction. In B. Kroll (ed.). *Exploring the Dynamics of Second Language Writing*. Cambridge: Cambridge University Press. 195-217.

Johns, T. 1991. Should you be persuaded: Two samples of data-driven learning materials. *English Language Research Journal* 4: 1-16.

Jordan, R. R. 1997. *English for Academic Purposes: A Guide and Resource Book for Teachers*. Cambridge: Cambridge University Press.

Khedri, M., C. S. Heng & S. F. Ebrahimi. 2013. An exploration of interactive metadiscourse markers in academic research article abstracts in two disciplines. *Discourse Studies* 15(3): 319-331.

Knorr-Cetina, K. D. 1981. *The Manufacture of Knowledge: An Essay on the Constructivist and Contextual Nature of Science*. Oxford: Pergamon.

Kolln, M. & L. Gray. 2013. *Rhetorical Grammar: Grammatical Choices, Rhetorical Effects*. Boston: Pearson.

Kosem, I. 2010. Designing a Model for a Corpus-driven Dictionary of Academic English. Unpublished Ph.D. Dissertation. Birmingham: Aston University.

Kuo, C. H. 1995. Cohesion and coherence in academic writing: From lexical choice to organization. *RELC Journal* 26(1): 47-62.

Kwan, B. S. C., H. Chan & C. Lam. 2012. Evaluating prior scholarship in literature reviews of research articles: A comparative study of practices in two research paradigms. *English for Specific Purposes* 31(3): 188-201.

Labov, W. 1971. Methodology. In W. O. Dingwall (ed.). *A Survey of Linguistic Science*. College Park, MD: Linguistics Program, University of Maryland. 412-497.

Lafuente-Millán, E. 2014. Reader engagement across cultures, languages and contexts of publication in business research articles. *International Journal of Applied Linguistics* 24(2): 201-223.

Lancaster, Z. 2011. Interpersonal stance in L1 and L2 students' argumentative writing in economics: Implications for faculty development in WAC/WID programs. *Across the Disciplines* 4: 1-23.

Lancaster, Z. 2012. Stance and Reader Positioning in Upper-level Student Writing in Political Theory and Economics. Unpublished Ph.D. Dissertation. Michigan: University of Michigan.

Lancaster, Z. 2014. Exploring valued patterns of stance in upper-level student writing in the disciplines. *Written Communication* 31(1): 27-57.

Lancaster, Z. 2016. Using corpus results to guide the discourse-based interview: A case study of one student writer's awareness of stance in academic writing in philosophy. *Journal of Writing Research* 8(1): 119-148.

Lea, D., V. Bull, S. Webb & R. Duncan. 2014. *Oxford Learner's Dictionary of Academic English*. Oxford: Oxford University Press.

Lee, D. 2001. Genres, registers, text types, domains and styles: Clarifying the concepts and navigating a path through the BNC jungle. *Language Learning & Technology* 5(3): 37-72.

Lee, J. J. & L. Deakin. 2016. Interactions in L1 and L2 undergraduate student writing: Interactional metadiscourse in successful and less-successful argumentative essays. *Journal of Second Language Writing* 33: 21-34.

Leech, G. 1991. The state of the art in corpus linguistics. In K. Aijmer & B. Altenberg (eds.). *English Corpus Linguistics: Studies in Honour of Jan Svartvik*. London: Longman. 8-29.

Lei, L. & D. Liu. 2016. A new medical academic word list: A corpus-based study with enhanced methodology. *Journal of English for Academic Purposes* 22: 42-53.

Lemke, J. L. 2002. Multimedia semiotics: Genres for science education and scientific literacy. In M. J. Schleppegrell & M. C. Colombi (eds.). *Developing Advanced Literacy in First and Second Languages: Meaning with Power*. London, NJ: Erlbaum. 21-44.

Lin, L. & Evans, S. 2012. Structural patterns in empirical research articles: A cross-disciplinary study. *English for Specific Purposes* 31(3): 150-160.

Malavasi, D. & D. Mazzi. 2010. History v. marketing: Keywords as a clue to disciplinary epistemology. In M. Bondi & M. Scott (eds.). *Keyness in Texts*. Amsterdam: John Benjamins. 169-184.

Martin, J. R. 1991. Nominalization in science and humanities: Distilling knowledge and scaffolding text. In E. Ventola (ed.). *Functional and Systemic Linguistics: Approaches and Uses*. Berlin: Mouton de Gruyter. 307-337.

Martin, J. R. 1992. *English Text: System and Structure*. Amsterdam: John Benjamins.

Martin, J. R. & R. R. White. 2005. *The Language of Evaluation: Appraisal in English*. New York: Palgrave Macmillan.

Mauranen, A. 1993. Contrastive ESP rhetoric: Metatext in Finnish-English economics texts. *English for Specific Purposes* 12(1):3-22.

Mauranen, A. 2003. The Corpus of English as Lingua Franca in Academic Settings. *TESOL Quarterly* 37(3): 513-527.

Mauranen, A. 2006. Signaling and preventing misunderstanding in English as Lingua Franca communication. *International Journal of the Sociology of Language* 177: 123–150.

Mauranen, A. 2010. Discourse reflexivity—A discourse universal? The case of ELF. *Nordic Journal of English Studies* 9(2): 13-40.

Mauranen, A. 2012. *Exploring ELF: Academic English Shaped by Non-native Speakers*. Cambridge: Cambridge University Press.

Mauranen, A., N. Hynninen & E. Ranta. 2016. English as the academic Lingua Franca. In K. Hyland & P. Shaw (eds.). *The Routledge Handbook of English for Academic Purposes*. London: Routledge. 44-55.

McEnery, T. & N. A. Kifle. 2002. Epistemic modality in argumentative essays of second-language writers. In J. Flowerdew (ed.). *Academic Discourse*. London: Longman. 182-195.

McEnery, A. M., R. Z. Xiao & Y. Tono. 2006. *Corpus-based Language Studies: An Advanced Resource Book*. London: Routledge.

McGrath, L. 2016. Self-mentions in anthropology and history research articles: Variation between and within disciplines. *Journal of English for Academic Purposes* 21(2): 86-98.

McGrath, L. & M. Kuteeva. 2012. Stance and engagement in pure mathematics research articles: Linking discourse features to disciplinary practices. *English for Specific Purposes* 31(3): 161-173.

Metsä-Ketelä, M. 2006. "Words are more or less superfluous": The case of more or less in academic Lingua Franca English. *Nordic Journal of English Studies* 5(2): 117-143.

Miller, C. R. 1984. Genre as social action. *Quarterly Journal of Speech* 70(2): 151-167.

Moore, T. 2002. Knowledge and agency: A study of "metaphenomenal discourse" in textbooks from three disciplines. *English for Specific Purposes* 21(4): 347-366.

Moreton, E. & H. Nesi. 2013. The uses of storytelling in university engineering lectures. *ESP across Cultures* 10: 8-19.

Moskowich, I., G. Camiña, I. Lareo & B. Crespo. 2016. *"The Conditioned and the Unconditioned": Late Modern English Texts on Philosophy*. Amsterdam: John Benjamins.

Moskowich, I. & B. Crespo. 2012. *Astronomy "Playne and Simple": The Writing of Science between 1700 and 1900*. Amsterdam: John Benjamins.

Murillo, S. 2012. The use of reformulation markers in Business Management research articles: An intercultural analysis. *International Journal of Corpus Linguistics* 1: 64-90.

Myers, G. 1989. The pragmatics of politeness in scientific articles. *Applied Linguistics* 10(1): 1-35.

Myers, G. 1990. *Writing Biology: The Social Construction of Popular Science*. Madison: University of Wisconsin Press.

Myers, G. 1999. Interaction in writing: Principles and problems. In C. N. Candlin & K. Hyland (eds.). *Writing: Texts, Processes and Practices*. London: Longman. 40-61.

Nesi, H. 2016. Corpus studies in EAP. In K. Hyland & P. Shaw (eds.). *The Routledge Handbook of English for Academic Purposes*. London: Routledge. 206-217.

Nesi, H. & H. Basturkmen. 2006. Lexical bundles and discourse signalling in academic lectures. *International Journal of Corpus Linguistics* 11(3): 283-304.

Nesi, H. & S. Gardner. 2012. *Genres across the Disciplines: Student Writing in Higher Education*. Cambridge: Cambridge University Press.

North, S. 2005. Disciplinary variation in the use of theme in undergraduate essays. *Applied Linguistics* 26(3): 431-452.

Nwogu, K. N. & Bloor, T. 1991. Thematic progression in professional and popular medical texts. In E. Ventola (ed.). *Functional and Systemic Linguistics: Approaches and Uses*. Berlin: Mouton de Gruyter. 369-384.

Othman, Z. 2010. The use of okay, right and yeah in academic lectures by native speaker lecturers: Their "anticipated" and "real" meanings. *Discourse Studies* 12(5): 665-681.

Palmer, F. 1990. *Modality and the English Modals*. London: Addison-Wesley Longman.

Parodi, G. 2014. Genre organization in specialized discourse: Disciplinary variation across university textbooks. *Discourse Studies* 16(1): 65-87.

Parsons, G. 1991. Cohesion coherence: Scientific texts. In E. Ventola (ed.). *Functional and Systemic Linguistics: Approaches and Uses*. Berlin: Mouton de Gruyter. 415-430.

Peacock, M. 2011. A comparative study of introductory *it* in research articles across eight disciplines. *International Journal of Corpus Linguistics* 16(1): 72-100.

Pho, P. D. 2008. Research article abstracts in applied linguistics and educational technology: A study of linguistic realizations of rhetorical structure and authorial stance. *Discourse Studies* 10(2): 231-250.

Pho, P. D. 2013. *Authorial Stance in Research Articles: Examples from Applied Linguistics and Educational Technology*. Hampshire: Palgrave Macmillan.

Prelli, L. J. 1989. *A Rhetoric of Science: Inventing Scientific Discourse*. Columbia: University of South Carolina Press.

Ranta, E. 2006. The "attractive" progressive—Why use the -ing form in English as a Lingua Franca? *Nordic Journal of English Studies* 5(2): 95-116.

Ravelli, L. J. 1996. Making language accessible: Successful text writing for museum visitors. *Linguistics and Education* 8(4): 367-387.

Ravelli, L. J. 2004. Signalling the organization of written texts: Hyper-themes in management and history essays. In L. J. Ravelli & R. A. Ellis (eds.). *Analysing Academic Writing: Contextualized Frameworks*. London: Continuum. 104-125.

Rayson, P., G. N. Leech & M. Hodges. 1997. Social differentiation in the use of English vocabulary: Some analyses of the conversational component of the British National Corpus. *International Journal of Corpus Linguistics* 2(1): 133-152.

Recski, L. 2005. Interpersonal engagement in academic spoken discourse: A functional account of dissertation defenses. *English for Specific Purposes* 24(1): 5-23.

Römer, U. & S. Wulff. 2010. Applying corpus methods to written academic texts:

Explorations of MICUSP. *Journal of Writing Research* 2(2): 99-127.

Rowe, D., S. Al-Malki, A. Abdujiabar, A. Porch, D. Barrow & C. Allender. 2014. Improved split-ring resonator for microfludic sensing. *IEEE Transactions on Microwave Theory and Techniques* 62(3): 689-699.

Rowley-Jolivet, E. 2017. English as a Lingua Franca in research articles: The SciELF corpus. *ASp* 71: 145-158.

Rundell, M. 1996. The corpus of the future, and the future of the corpus. Paper presented at the New Trends in Reference Science, Exeter, UK, July 1996.

Rundell, M. & N. Ham. 1994. A new conceptual map of English. Paper presented at the Sixth Euralex International Congress, Amsterdam, Holland, July 1994.

Sala, M. 2014. Research article abstracts as domain-specific epistemological indicators: A corpus-based study. In M. Bondi & R. Lorés Sanz (eds.). *Abstracts in Academic Discourse: Variation and Change*. Bern: Peter Lang. 199-220.

Samraj, B. 2002. Introductions in research articles: Variations across disciplines. *English for Specific Purposes* 21(1): 1-17.

Sayer, A. 2010. *Method in Social Science: A Realist Approach*. London: Routledge.

Schleppegrell, M. J. 2004. *The Language of Schooling: A Functional Linguistics Perspective*. Mahwah, NJ: Lawrence Erlbaum Associates.

Schmidt, R. W. 1990. The role of consciousness in second language learning. *Applied Linguistics* 11(2): 129-158.

Scott, M. 2000. Focusing on the text and its keywords. In L. Burnard & T. McEnery (eds.). *Rethinking Language Pedagogy from a Corpus Perspective*. Bern: Peter Lang. 103-121.

Scott, M. 2006. The importance of key words for LSP. In E. A. Macià, A. S. Cervera & C. R. Ramos (eds.). *Information Technology in Languages for Specific Purposes: Issues and Prospects*. Boston, MA: Springer. 231-243.

Selinker, L., L. Trimble & R. Vroman. 1972. *Working Papers in English for Science and Technology*. Seattle: University of Washington.

Seoane, E. 2015. Diachronic change in philosophical writings 1700-2000: Change within a genre or change to a different genre. Paper presented at the Research Seminar, Virtaa, Finland, September 2015.

Shaw, P. 2009. Linking adverbials in student and professional writing in literary studies: What makes writing mature. In M. Charles, D. Pecorari & S. Hunston (eds.). *Academic Writing: At the Interface of Corpus and Discourse*. London: Continuum. 215-235.

Silver, M. 2012. Voice and stance across disciplines in academic discourse. In K. Hyland & C. S. Guinda (eds.). *Stance and Voice in Written Academic Genres*. London: Palgrave Macmillan. 202-217.

Sinclair, J. 1991. *Corpus, Concordance, Collocation*. Oxford: Oxford University Press.

Sinclair, J. 1999. A way with common words. In H. Hasselgård & S. Oksefjell (eds.). *Out of Corpora: Studies in Honour of Stig Johnasson*. Amsterdam: Rodopi. 157-179.

Sinclair, J. 2003. *Reading Concordances: An Introduction*. London: Pearson Education.

Sinclair, J. 2004. *Trust the Text: Language, Corpus and Discourse*. London: Routledge.

Sinclair, J. 2005. Corpus and text: Basic principles. In M. Wynne (ed.). *Developing Linguistic Corpora: A Guide to Good Practice*. Oxford: Oxbow Books. 1-16.

Snow, C. E. & P. Uccelli. 2009. The challenge of academic language. In D. R. Olson & N. Torrance (eds.). *The Cambridge Handbook of Literacy*. Cambridge: Cambridge University Press. 112-133.

Staples, S., J. Egbert, D. Biber & B. Gray. 2016. Academic writing development at the university level phrasal and clausal complexity across level of study, discipline, and genre. *Written Communication* 33(2): 149-183.

Starfield, S. 2004. "Why does this feel empowering?": Thesis writing, concordancing, and the corporatizing university. In B. Norton & K. Toohey (eds.). *Critical Pedagogies and Language Learning*. Cambridge: Cambridge University Press. 138-157.

Stotesbury, H. 2003. Evaluation in research article abstracts in the narrative and hard sciences. *Journal of English for Academic Purposes* 2(4): 327-341.

Stubbs, M. 1995. Collocations and semantic profiles: On the cause of the trouble with quantitative studies. *Functions of Language* 2(1): 23-55.

Stubbs, M. 2001. *Words and Phrases: Corpus Studies of Lexical Semantics*. Oxford: Blackwell Publishers.

Stubbs, M. 2004. Language corpora. In A. Davies & C. Elder (eds.). *The Handbook of Applied Linguistics*. Oxford: Blackwell Publishers. 106-132.

Swales, J. M. 1981. *Aspects of Article Introductions*. Birmingham: Language Studies

Unit, University of Aston.

Swales, J. M. 1985. *Episodes in ESP: A Source and Reference Book on the Development of English for Science and Technology*. Hemel Hempstead: Prentice Hall.

Swales, J. M. 1990. *Genre Analysis: English in Academic and Research Settings*. Cambridge: Cambridge University Press.

Swales, J. M. 2001. EAP-related linguistic research: An intellectual history. In J. Flowerdew & M. Peacock (eds.). *Research Perspectives on English for Academic Purposes*. Cambridge: Cambridge University Press. 42-54.

Swales, J. M. 2002a. Integrated and fragmented worlds: EAP materials and corpus linguistics. In J. Flowerdew (ed.). *Academic Discourse*. London: Longman. 150-164.

Swales, J. M. 2002b. On models in applied discourse analysis. In C. Candlin (ed.). *Research and Practice in Professional Discourse*. Hong Kong: City University of Hong Kong Press. 61-77.

Swales, J. M. 2004. *Research Genres: Explorations and Applications*. Cambridge: Cambridge University Press.

Taavitsainen, I. & P. Pahta. 2010. *Early Modern English Medical Texts: Corpus Description and Studies*. Amsterdam: John Benjamins.

Taavitsainen, I. & P. Pahta. 2011. *Medical Writing in Early Modern English*. Cambridge: Cambridge University Press.

Tarone, E., S. Dwyer, S. Gillette & V. Icke. 1981. On the use of the passive in two astrophysics journal papers. *The ESP Journal* 1(2): 123-140.

Tarp, S. 2009. Beyond lexicography: New visions and challenges in the information age. In H. Bergenholtz, S. Nielsen & S. Tarp (eds.). *Lexicography at a Crossroads: Dictionaries and Encyclopedias Today, Lexicographical Tools Tomorrow*. Bern: Peter Lang. 17-32.

Thompson, G. 2001. Interaction in academic writing: Learning to argue with the reader. *Applied Linguistics* 22(1): 58-78.

Thompson, G. 2009. Grammatical metaphor and success in academic writing. In S. Hunston & D. Oakey (eds.). *Introducing Applied Linguistics: Concepts and Skills*. London: Routledge. 27-34.

Thompson, G. & P. Thetela. 1995. The sound of one hand clapping: The management of interaction in written discourse. *Text* 15(1): 103-127.

Thompson, P. 2005. Points of focus and position: Intertextual reference in PhD theses. *Journal of English for Academic Purposes* 4(4): 307-323.

Thompson, P. 2006. A corpus perspective on the lexis of lectures, with a focus on economics lectures. In K. Hyland & M. Bondi (eds.). *Academic Discourse across Disciplines*. Bern: Peter Lang. 253-269.

Tognini-Bonelli, E. 2001. *Corpus Linguistics at Work*. Amsterdam: John Benjamins.

Tribble, C. 2002. Corpora and corpus analysis: New windows on academic writing. In J. Flowerdew (ed.). *Academic Discourse*. London: Routledge. 131-149.

Tribble, C. 2010. What are concordances and how are they used? In A. O'Keeffe & M. McCarthy (eds.). *The Routledge Handbook of Corpus Linguistics*. London: Routledge. 167-183.

Trowler, P., M. Saunders & V. Bamber. 2012. *Tribes and Territories in the 21st Century: Rethinking the Significance of Disciplines in Higher Education*. London: Routledge.

Valipouri, L. & H. Nassaji. 2013. A corpus-based study of academic vocabulary in chemistry research articles. *Journal of English for Academic Purposes* 12(4): 248-263.

Vande Kopple, W. J. 1992. Noun phrases and the style of scientific discourse. In S. P. Witte, N. Nakadate & R. D. Cherry (eds.). *A Rhetoric of Doing: Essays on Written Discourse in Honor of James L. Kinneavy*. Carbondale: Southern Illinois University Press. 328-348.

Ventola, E. 1996. Packing and unpacking of information in academic texts. In E. Ventola & A. Mauranen (eds.). *Academic Writing: Intercultural and Textual Issues*. Amsterdam: John Benjamins. 153-194.

Ventola, E. & A. Mauranen. 1991. Non-native writing and native revising of scientific articles. In E. Ventola (ed.). *Functional and Systemic Linguistics: Approaches and Uses*. Berlin: Mouton de Gruyter. 457-492.

Vieira, E. & J. Gomes. 2010. Citations to scientific articles: Its distribution and dependence on the article features. *Journal of Informetrics* 4(1): 1-13.

Vincent, B. 2013. Investigating academic phraseology through combinations of very frequent words: A methodological exploration. *Journal of English for Academic Purposes* 12(1): 44-56.

Ward, J. 2007. Collocation and technicality in EAP engineering. *Journal of English for Academic Purposes* 6(1): 18-35.

Winter, E. 1982. *Towards a Contextual Grammar of English: The Clause and Its Place in the Definition of Sentence*. London: George Allen & Unwin.

Weissberg, B. 1993. The graduate seminar: Another research-process genre. *English for Specific Purposes* 12(1) : 23-35.

Widdowson, H. G. 2000. On the limitations of linguistics applied. *Applied Linguistics* 21(1): 3-25.

Yoon, H. 2008. More than a linguistic reference: The influence of corpus technology on L2 academic writing. *Language Learning & Technology* 12(2): 31-48.

Yoon, H. & A. Hirvela. 2004. ESL student attitudes toward corpus use in L2 writing. *Journal of Second Language Writing* 13(4): 257-283.

Yore, L. D., M. K. Florence, T. W. Pearson & A. J. Weaver. 2006. Written discourse in scientific communities: A conversation with two scientists about their views of science, use of language, role of writing in doing science, and compatibility between their epistemic views and language. *International Journal of Science Education* 28(2-3): 109-141.

蔡基刚，2018，双一流建设背景下的大学英语：参与一流学科建设任重道远，《中国外语》(3)：19-20。

曹凤龙、王晓红，2009，中美大学生英语议论文中的元话语比较研究，《外语学刊》(5)：97-100。

陈海员、陈香兰，2012，计算机英语教材与普通大学英语教材中的语块对比分析，《外语界》(1)：68-72。

陈建林，2011，基于语料库的引述动词研究及其对英语写作教学的启示，《外语界》(6)：40-48。

陈令君，2008，英语学术书评中的评价：一项基于语料库的研究。博士学位论文。济南：山东大学。

程晓堂，2003，名词化与语用预设，《外语研究》(3)：19-23。

崔希亮、张宝林，2011，全球汉语学习者语料库建设方案，《语言文字应用》(2)：100-108。

邓耀臣，2006，中国大学生英语议论文中连接副词使用特征研究，《中国应用语言学（英文版）》（6）：32-36。
桂诗春，2009，《基于语料库的英语语言学语体分析》。北京：外语教学与研究出版社。
郭骅、马磊，2016，中外社会学期刊论文摘要的人际互动元话语研究，《西安外国语大学学报》（4）：39-43。
韩萍、贺宏，2012，从批评性体裁分析的角度看学术论文摘要和引言的体裁关系，《外语与外语教学》（1）：53-57。
何安平，2003，基于语料库的英语教师话语分析，《现代外语》（2）：161-170。
何安平，2004，《语料库语言学与英语教学》。北京：外语教学与研究出版社。
胡春雨，2012，中国英语学习者义务型情态词产出的多纬度研究，《外语教学与研究》（1）：80-94。
黄静，2016，基于语料库的物理学科中外学术论文名词短语复杂度对比研究，《大学英语（学术版）》（1）：93-97。
姜峰，2015a，本质、特征、关系：外壳名词三分法及人际功能研究，《语料库语言学》（2）：62-74。
姜峰，2015b，中美学生论说文的立场名词表达——基于语料库的对比研究，《外语与外语教学》（5）：8-14。
姜峰，2016，外壳名词的立场建构与人际功能，《现代外语》（4）：470-482。
姜峰、K. Hyland，待刊，互动元话语：学术语境变迁中的论辩与修辞，《外语教学》。
姜望琪，2009，语篇语义学与评价系统，《外语教学》30（2）：1-5。
姜亚军、赵明炜，2008，我国硕/博士学位论文英语致谢语的语类结构研究，《外语教学》29（6）：28-32。
鞠玉梅，2016，学术写作中引述句的主语特征与身份构建研究，《外语教学与研究》（6）：926-936。
蓝小燕，2011，英语学术书评的评价策略分析——评价理论之态度视角，《山东外语教学》32（2）：13-20。
雷秀云，2000，基于语料库的学术英语语法的频率特征，《上海交通大学学报（哲学社会科学版）》（1）：117-122。
李梦骁、刘永兵，2016，基于语料库的中外学者学术语篇词块使用对比研究，《现代外语》（4）：507-515。
李平、曹雁，2012，科技期刊论文英文标题抽象名词短语结构分析与应用，《中国科技期刊研究》23（2）：322-324。

李战子，2001，学术话语中认知型情态的多重人际意义，《外语教学与研究》33（5）：353-358。

李志君，2014，中外学术语篇中的重述标记比较研究，《解放军外国语学院学报》37（4）：40-50。

梁红梅、何安平，2012，语料库的“教学加工”与教材编写，《当代外语研究》（10）：35-39。

梁茂成，2010，理性主义、经验主义与语料库语言学，《中国外语》7（4）：90。

梁茂成，2016，《什么是语料库语言学》。上海：上海外语教育出版社。

梁茂成、李文中、许家金，2010，《语料库应用教程》。北京：外语教学与研究出版社。

林生淑，2016，中国英语专业硕士研究生毕业论文中的学术名词短语使用研究。博士学位论文。苏州：苏州大学。

刘萍、黄小倩、刘珊，2015，农科学术英语论文语料库的创建，《语料库语言学》（2）：97-106。

刘禹辰，2015，基于原型理论的研究生毕业论文摘要中动词的名词化现象研究。硕士学位论文。沈阳：沈阳师范大学。

娄宝翠，2013，基于语料库的研究生学术英语语篇中外壳名词使用分析，《外语教学》34（3）：46-49。

罗一，2003，研究生英语论文中连接副词使用情况调查，《解放军外国语学院学报》（1）：59-62。

吕蕾，2014，基于语料库的中美博士论文英语摘要名词化研究。博士学位论文。宁波：宁波大学。

马蓉、秦晓晴，2014，二语学术写作引用话语的文本借用策略特征——以英语专业硕士论文为例，《外语教学》（6）：50-54。

苗兴伟，1998，论衔接与连贯的关系，《外国语》（4）：45-50。

潘璠，2012，中国非英语专业本科生和研究生书面语体的多特征多维度调查，《外语教学与研究》（2）：220-232。

潘璠，2016，语料库驱动的英语本族语和中国作者期刊论文词块结构和功能对比研究，《外语与外语教学》（4）：115-123。

庞继贤、陈珺，2015，中外应用语言学类期刊论文英语题目对比分析，《浙江大学学报（人文社会科学版）》45（1）：189-200。

彭立宏，2015，中国英语学习者和本族语者的名词短语使用对比研究。博士学位论文。大连：大连海事大学。

束定芳，2016，对接新目标、创建新体系、适应新需求——写在“新目标大学英语系列教材”出版之际，《外语界》(2)：2-8。

孙莉，2015，中国硕士学位论文英文摘要的语用身份建构研究，《外语与外语教学》(5)：15-21。

孙迎晖，2010，中国学生英语专业硕士论文“前言”部分的语类结构模式分析，《中国外语》7(6)：54-60。

孙有中，2017，人文英语教育论，《外语教学与研究》(6)：859-870。

孙云波、冯婕，2014，近年来国内学术英语(EAP)研究述评，《昆明理工大学学报(社会科学版)》(6)：89-96。

谭丽花，2011，基于语料库的科技语篇名词化隐喻运用对比研究——以中国学生与英语本族语者理工科硕士论文摘要为例，《湖南科技大学学报(社会科学版)》14(4)：130-134。

唐丽萍，2004，学术书评语类结构的评价分析，《外国语》(3)：35-43。

唐丽萍，2005，英语学术书评的评价策略——从对话视角的介入分析，《外语学刊》(4)：1-7。

万琦，2011，名词短语复杂性，多样性和准确性：英语名词短语在中国英语专业大学生写作中的使用情况。博士学位论文。成都：西南交通大学。

王芙蓉、王宏俐，2015，基于语料库的语言学和工科学术英语词块比较研究，《外语界》(2)：16-24。

王纪芬，2006，英汉学术论文摘要主位选择对比研究。博士学位论文。兰州：兰州大学。

王晋军，2003，名词化在语篇类型中的体现，《外语学刊》(2)：74-78。

王静，2004，英汉学术文章主位结构对比分析。博士学位论文。大连：大连海事大学。

王立非、陈功，2008，大学生英语写作中的名物化现象研究，《中国外语》5(5)：54-60。

王龙吟、何安平，2005，基于语料库的外语教学与二语习得的链接，《外语与外语教学》(3)：28-32。

王守仁、王海啸，2011，我国高校大学英语教学现状调查及大学英语教学改革与发展方向，《中国外语》8(5)：4-11。

王振华，2003，介入：言语互动中的一种评价视角。博士学位论文。开封：河南大学。

卫乃兴，2016，学术英语再思考：理论、路径与方法，《现代外语》(2)：267-277。

魏多逊，2009，《魏多逊应用语言学自选集》。北京：外语教学与研究出版社。

魏昆，2009，英汉学术论文摘要的主位结构与主位推进对比研究。博士学位论文。长春：东北师范大学。
魏晓莉、任育新、史顺良，2013，英语专业硕士研究生学术写作中重述话语之语用功能习得研究，《西安外国语大学学报》21(1)：50-54。
吴辉，2007，对科技论文摘要中英语动词名词化的对比研究。博士学位论文。上海：上海交通大学。
谢华，2009，对英语本族者和中国学者在英语学术论文中主位结构使用状况的研究。博士学位论文。上海：上海交通大学。
辛斌，2003，当代语言研究中的游戏观，《外语教学与研究》35(5)：331-336。
辛志英、黄国文，2010，元话语的评价赋值功能，《外语教学》31(6)：1-5。
熊淑慧、邹为诚，2012，什么是学术英语？如何教？——一项英语专业本科生"学术英语"的课堂试验研究，《中国外语》(2)：54-64。
徐海，2010，学习者语料库与英语学习型词典编纂，《辞书研究》：49-57。
徐海铭，2004，中国英语专业本科生使用元语篇手段的发展模式调查研究，《外语与外语教学》(3)：59-64。
徐宏亮，2007，《学术语篇中的作者立场标记语研究》。合肥：合肥工业大学出版社。
许家金，2017，体裁短语学视角下的医学学术英语词典研编，《外语与外语教学》(6)：52-60。
徐秀玲、许家金，2017，我国外语教学中的语料库应用40年，《中国外语教育》(4)：62-68。
剡璇、徐玉臣，2011，科技语篇中的鉴赏系统及其评价机制，《外语教学理论与实践》(1)：60-67。
杨冬玲、陈坚林，2015，国外学术英语写作研究与教学(1990-2014)——基于SSCI和知识图谱的演化趋势分析，《外语电化教学》(6)：9-16。
杨惠中，2002，《语料库语言学导论》。上海：上海外语教育出版社。
杨林秀，2008，英语学术论文中评论附加语的学科差异，《山东外语教学》(6)：6-10。
杨瑞英，2006，体裁分析的应用：应用语言学学术文章结构分析，《外语与外语教学》(10)：29-34。
杨信彰，2006a，名词化在语体中的作用——基于小型语料库的一项分析，《外语电化教学》(2)：3-7。
杨信彰，2006b，英语学术语篇中的评论附加语，《外语与外语教学》(10)：11-13。
杨信彰，2007，元话语与语言功能，《外语与外语教学》(12)：1-3。
于海燕，2011，轮机英语名词短语研究——以特殊结构名词+名词/名词+名词+名词及其语义关系为例。博士学位论文。大连：大连海事大学。

余渭深，2002，汉英学术语类的标记性主位分析，《外语与外语教学》(1)：8-11。

云红，2009，论文摘要中作者身份的显与隐——一项基于2008医学与语言学国际学术期刊的修辞性研究，《外语教学》(5)：29-32。

赵晓临、卫乃兴，2010，中国大学生英语书面语中的态度立场表达，《外语研究》(1)：59-63。

张凤起，2004，专业英语四级考试作文评分标准浅析，《国际关系学院学报》(4)：49-52。

张会平、刘永兵，2010，基于语料库的中学英语教师课堂话语标记语研究，《外语教学与研究》(5)：356-363。

张会平、刘永兵，2013，新及物性模式下中国学生语法隐喻的习得历程，《外国语》(6)：53-62。

张继东、陈晓曦，2016，社会科学与自然科学学术语篇中介入型式的对比研究——以"V+ that-clause介入型式"为例，《外语教学与研究》(6)：828-840。

钟兰凤、陈希卉，2015，学术英语隐喻产出能力研究，《现代外语》(3)：386-395。

周惠、刘永兵，2015a，英汉学术书评中投射结构的评价研究，《当代外语研究》(2)：18-23。

周惠、刘永兵，2015b，中国英语学习者学术写作中标示名词的功能与立场研究，《外语教学与研究》(2)：251-261。

周惠、刘永兵，2015c，中国英语学习者学术语块使用的语篇评价意义研究——以学术立场语块的语义韵为例，《外语界》(6)：35-44。

朱永生，2005，《语境动态研究》。北京：北京大学出版社。

朱玉山，2012，英语专业学生写作文本中元话语使用和分布特征对比研究。博士学位论文。上海：上海外国语大学。

推荐文献

Aull, L. L. & Z. Lancaster. 2014. Linguistic markers of stance in early and advanced academic writing: A corpus-based comparison. *Written Communication* 31(2): 151-183.

Biber, D. & B. Gray. 2016. *Grammatical Complexity in Academic English: Linguistic Change in Writing*. Cambridge: Cambridge University Press.

Charles, M., S. Hunston & D. Pecorari. 2009. *Academic Writing: At the Interface of Corpus and Discourse*. London: Continuum.

Flowerdew, J. 2013. *Academic Discourse*. London: Routledge.

Flowerdew, L. 2005. An integration of corpus-based and genre-based approaches to text analysis in EAP/ESP: Countering criticisms against corpus-based methodologies. *English for Specific Purposes* 24(3): 321-332.

Hyland, K. 2004. *Disciplinary Discourses: Social Interactions in Academic Writing*. Ann Arbor: University of Michigan Press.

Hyland, K. 2012. *Disciplinary Identities: Individuality and Community in Academic Discourse*. Cambridge: Cambridge University Press.

Hyland, K. & Jiang, F. K. 2018. "In this paper we suggest": Changing patterns of disciplinary metadiscourse. *English for Specific Purposes* 5: 18-30.

Hyland, K. & P. Shaw. (eds.). 2016. *The Routledge Handbook of English for Academic Purposes*. London: Routledge.

Hyland, K. & L. Wong. (eds.). Forthcoming. *Specialised English: New Directions in ESP and EAP Research and Practice*. London: Routledge.

Swales, J. M. 1990. *Genre Analysis: English in Academic and Research Settings*. Cambridge: Cambridge University Press.

Swales, J. M. 2004. *Research Genres: Explorations and Applications*. Cambridge: Cambridge University Press.

费劳尔迪、皮科克，2013，《学术英语的多维研究视角》。北京：外语教学与研究出版社。

海兰，2008，《元话语》。北京：外语教学与研究出版社。

鞠玉梅，2016，学术写作中引述句的主语特征与身份构建研究，《外语教学与研究》(6)：926-936。

梁茂成、李文中、许家金，2010，《语料库应用教程》。北京：外语教学与研究出版社。

潘璠，2016，语料库驱动的英语本族语和中国作者期刊论文词块结构和功能对比研究，《外语与外语教学》(4)：115-123。

卫乃兴，2016，学术英语再思考：理论、路径与方法，《现代外语》(2)：267-277。

许家金，2017，体裁短语学视角下的医学学术英语词典研编，《外语与外语教学》(6) 52-60。

索引